Doenças do Feijoeiro

Daniel Diego Costa Carvalho

Doenças do Feijoeiro, 2022.

Como citar este livro:
CARVALHO, D.D.C. **Doenças do Feijoeiro.** 2. Ed. Ipameri: Independently published. Kindle Direct Publishing, 2022. 85p.

Copyright © 2022 Daniel Diego Costa Carvalho
Todos os direitos reservados.
ISBN: 9798359270434

Descrição da obra
Esta obra contém informações atuais sobre a etiologia, sintomatologia, epidemiologia e controle das principais doenças do feijoeiro no Brasil:
Mosaico comum
Mosaico amarelo
Mosaico dourado
Crestamento bacteriano comum
Murcha de *Curtobacterium*
Antracnose
Mancha angular
Mofo branco
Oídio
Murcha de *Fusarium*
Nematoide das galhas
Cladosporium em sementes
Palavras-chave: agricultura, agronomia, fitopatologia, feijoeiro

Biografia do autor
Daniel Diego Costa Carvalho possui graduação em agronomia pela Universidade Federal de Lavras (UFLA) e doutorado em fitopatologia pela Universidade de Brasília (UnB). Atualmente é professor da Universidade Estadual de Goiás (UEG).

Prefácio do autor
O emprego de literatura especializada composta por artigos científicos recentes e bibliografias clássicas delinearam a construção desta obra e consequente posse de informações de forma compacta e dinâmica, permitindo ao leitor ir além das literaturas tradicionais. A seguir os destaques para os campos da etiologia, sintomatologia, etiologia e controle, mostram um pouco do que pode ser apreciado nesta obra.

Etiologia
É proposto neste livro e, para melhor entendimento, o posicionamento taxonômico do agente etiológico dentro de um completo e complexo sistema de classificação. No campo da etiologia, em se tratando do crestamento bacteriano comum, destaca-se uma revisão taxonômica de espécies para o complexo X.

axonopodis sugerindo a reclassificação destes patógenos como *Xanthomonas phaseoli* pv. *phaseoli* e *Xanthomonas citri* pv. *fuscans*

Sintomatologia
Os recentes avanços na diagnose de doenças de plantas lançam mão de técnicas moleculares, na maioria das vezes não partilhadas pelo grande público. Neste sentido, outro ponto que merece destaque frente às diversas limitações para a diagnose de doenças de plantas reside no melhor aproveitamento desta mediante caracterização precisa e simplificada da sintomatologia. Como exemplo prático, o livro menciona através de texto e imagem o sintoma mais típico encontrado para antracnose do feijoeiro nas vagens, onde se observa lesões circulares profundas, dentre outras características abordadas.

Epidemiologia
A epidemiologia de doenças de plantas refere-se ao estudo de uma população de patógenos quanto a sua ação sobre uma população de hospedeiros, isto é, com o foco na dinâmica dessa relação envolvendo, principalmente o espaço e o tempo. Consequentemente, a epidemiologia nesta obra possui três vertentes principais: condições climáticas, disseminação de sobrevivência do agente causal. Um ponto importante quando se refere à epidemiologia é o fato de o oídio ser considerado como um modelo útil para o estudo dos efeitos das mudanças climáticas sobre as doenças de plantas.

Controle
Ao invés de simplesmente citar ou mencionar medidas de controle comumente empregadas, procurou-se nesta obra, de forma inovadora e após extensa revisão, o que tem sido publicado pela pesquisa científica recente. O mofo branco possui várias medidas abrigadas em seis dos sete princípios gerais de controle. De forma didática e compartimentalizada, as medidas são comentadas e referenciadas uma a uma.

Agradecimentos
É importante registrar o meu agradecimento aos diversos apoios que recebi de colegas e profissionais que compõem a minha rede, desde o início de minha vida estudantil até a recente vida profissional, com os quais, auxiliando-me com opiniões e informações valiosas e

incentivando-me com palavras de apreço e carinho, tornou esta aspiração uma realidade.

Plataforma on-line
Conheça a nossa plataforma para estudos avançados em doenças de plantas:
https://sites.google.com/view/danieldiegocostacarvalho/

Observações
Não fazemos recomendações de nenhuma natureza, os exemplos de controle descritos ao longo desta obra são designados apenas para âmbito do conhecimento científico e acadêmico. Todas as figuras e imagens foram concebidas e produzidas pelo autor.

Doenças do Feijoeiro, 2022.

Sumário

1. Mosaico comum - *Bean common mosaic virus* — 1
2. Mosaico amarelo – *Bean yellow mosaic virus* — 7
3. Mosaico Dourado – *Bean golden mosaic virus* — 13
4. Crestamento bacteriano comum - *Xanthomonas phaseoli* pv. *phaseoli*; *Xanthomonas citri* pv. *fuscans* e *Xanthomonas cannabis* pv. *phaseoli* — 19
5. Murcha de *Curtobacterium* – *Curtobacterium falccumfaciens* pv. *flaccumfaciens* — 27
6. Antracnose - *Colletotrichum lindemuthianum* — 35
7. Mancha angular - *Pseudocercospora griseola* — 41
8. Mofo branco - *Sclerotinia sclerotiorum* — 49
9. Oídio - *Erysiphe polygoni* — 59
10. Murcha de fusarium - *Fusarium oxysporum* f. sp. *phaseoli* — 65
11. Nematoide das galhas - *Meloidogyne* spp. — 73
12. *Cladosporium* em sementes - *Cladosporium herbarum* — 81

Doenças do Feijoeiro, 2022.

1. Mosaico comum - *Bean common mosaic virus*

Família: Potyviridae
Gênero: Potyvirus

Etiologia

A nomenclatura e classificação de vírus é uma tarefa a cargo do ICTV (International Committee on Taxonomy of Viruses). A organização dos táxons dentro de um sistema de classificação baseia-se em propriedades, onde podemos citar dentre as principais: a morfologia das partículas, tipo de ácido nucleico, organização do genoma, replicação e sorologia. Com relação ao nome de uma espécie viral, o ICTV estabeleceu que o nome comum do vírus na língua inglesa é considerado o nome científico da espécie viral. Normalmente, o nome do vírus é composto pelo nome da planta onde o vírus foi encontrado acrescido do tipo de sintoma que este causa no hospedeiro em questão.

A espécie *Bean common mosaic virus* trata-se de um vírus constituído por uma molécula de RNA de fita simples senso positivo, isto é, este vírus atua diretamente como RNA mensageiro (mRNA) (ZAMORA et al., 2017). Uma vez no citoplasma celular vegetal, o vírus perde a sua capa proteica (descapsidação) e libera o material genético, o qual fica disponível para os eventos que visam a produção de novas partículas virais. Em suma, o vírus irá usar a maquinaria metabólica da célula vegetal para produzir os produtos de seu interesse, tais como proteínas da capa.

A encapsidação do genoma do RNA potyviral ocorre dentro do núcleo da proteína da capa, a qual forma uma estrutura em haste flexuosa característica e que mede 11-20 nm em diâmetro e 680-900 nm em comprimento (ZAMORA et al., 2017; KUMAR et al., 2019). Outro sinal importante do *Bean common mosaic virus* é a formação de inclusões cilíndricas do tipo cata-vento dentro do citoplasma das células vegetais infectadas (AGRIOS, 2005).

O *Bean common mosaic virus* pertence à Família Potyviridae, Gênero Potyvirus (Figura 1). Segundo JORDAN & HAMOND (2008), este vírus infecta aproximadamente 100 espécies de 44 gêneros de nove famílias de plantas.

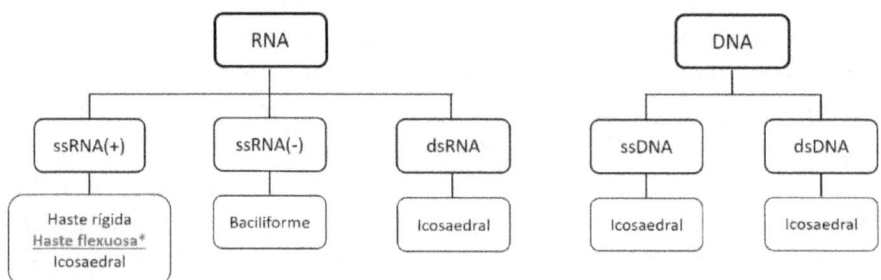

Figura 1. Posicionamento do *Bean common mosaic virus* dentro da sistemática de vírus baseando-se no tipo de material genético e quanto a morfologia da partícula viral.

Sintomatologia
A principal característica do mosaico comum quanto aos sintomas é o aparecimento de áreas verde-claro em alternância com verde-escuro, retorcimento dos folíolos, formação de bolhas e diminuição do tamanho dos folíolos (Figura 2). A ocorrência de necrose não é comum e está condicionada a ocasiões específicas tais como prevalência de estirpes sorotipo A, variedades que possuem o gene que confere hipersensibilidade e condições ambientais específicas (JORDAN & HAMOND, 2008).

Figura 2. Mosaico comum do feijoeiro: retorcimento dos folíolos, formação de bolhas e diminuição do tamanho dos folíolos.

Epidemiologia
Condições climáticas: As condições climáticas favoráveis para os insetos vetores devem ser consideradas no momento do planejamento, uma vez que estas condições são, consequentemente, potencializadoras para ocorrência da doença. A temperatura de 25°C proporcionou a melhor condição térmica para o crescimento populacional de *Myzus persicae* em pimentão (BARBOSA et al., 2011).

Disseminação: A transmissão do *Bean common mosaic virus* ocorre via mecânica, sementes e insetos. Com relação a transmissão por insetos, a interrelação vírus-vetor é do tipo não circulativo - não persistente, isto é, o vírus não circula no interior do inseto vetor. Este fica restrito ao aparelho bucal do inseto vetor, sendo que a partícula viral permanece assim retida e, portanto, viável até a primeira alimentação do inseto (WENDLAND et al., 2016). As principais espécies de insetos vetores são: *Acyrthosiphon pisum, Aphis fabae,*

Myzus persicae e *Aphis craccivora* (este último na Índia).

Sobrevivência: O *Bean common mosaic virus* tem muitas espécies de plantas para atuar como hospedeiros alternativos, tais como outras espécies do gênero *Phaseolus* (*P. acutifolius* e *P. coccineus*) *Macroptilium atropurpureus*, *Glycine max*, *Pisum sativum*, *Rhynchosia minima*, *Vigna mungo*, *V. angularis* e *V. unguiculata* (JORDAN & HAMOND, 2008).

Controle

Evasão: Em se tratando de controle, as medidas devem focar a redução do inóculo primário. As sementes devem ser semeadas em áreas de cultivo distantes de hospedeiros alternativos.

Exclusão: Como o vírus é transmitido por sementes, outra medida de controle consiste no uso de sementes livres do vírus. A aplicação preventiva de inseticidas é inviável (JORDAN & HAMOND, 2008).

Imunização: Normalmente, o vírus estará presente em sementes de materiais que não possuem o gene I dominante para resistência ao *Bean common mosaic virus*. Neste sentido, outra medida fundamental consiste no emprego de somente variedades resistentes.

Referências

AGRIOS, G.N. **Plant Pathology.** 5th ed. San Diego: Academic Press, 2005, 922p.

BARBOSA, L.R.; CARVALHO, C.F.; AUAD, A.M.; SOUZA, B.; BATISTA, E.S.P. Tabelas de esperança de vida e fertilidade de Myzus persicae sobre pimentão em laboratório e casa de vegetação. **Bragantia,** v.70, n.2, p.375-382, 2011. https://doi.org/10.1590/S0006-87052011000200018

JORDAN, R.; HAMMOND, J. *Bean common mosaic virus* and *Bean common mosaic necrosis virus*. Encyclopedia of Virology, p.288-295, 2008.

KUMAR, S.; KARMAKAR, R.; GARG, D.K.; GUPTA, I.; PATEL,

A.K. Elucidating the functional aspects of different domains of *Bean common mosaic virus* coat protein. **Virus Research**, v.273, e197755, 2019. https://doi.org/10.1016/j.virusres.2019.197755

WENDLAND, A.; MOREIRA, A.S.; BIANCHINI, A.; GIAMPAN, J.S.; LOBO JUNIOR, M. Doenças do Feijoeiro. In: AMORIM, L.; REZENDE. J.A.M.; BERGAMIN FILHO, A.; CAMARGO, L.E.A. **Manual de Fitopatologia: Doenças das plantas cultivadas**. vol.2, 5.Ed. Ouro Fino: Agronômica Ceres, pp.383-396, 2016.

ZAMORA, M.; MÉNDEZ-LÓPEZ, E.; AGIRREZABALA, X.; CUESTA, R.; LAVÍN, J.L.; SÁNCHEZ-PINA, M.A.; ARANDA, M.A.; VALLE, M. Potyvirus virion structure shows conserved protein fold and RNA binding site in ssRNA viruses. **Science Advances**, v.3, n.9, eaao2182, 2017. https://doi.org/10.1126/sciadv.aao2182

Doenças do Feijoeiro, 2022.

2. Mosaico amarelo – *Bean yellow mosaic virus*

Família: Potyviridae
Gênero: Potyvirus

Etiologia
Assim como no caso do *Bean common mosaic virus*, o *Bean yellow mosaic virus* também é um vírus do tipo haste flexuosa (SCHULZE et al., 2017) e possui material genético do tipo RNA fita simples senso positivo - ssRNA(+).

O *Bean yellow mosaic virus* está serologicamente relacionado ao *Bean common mosaic virus* (DRIJFHOUT & BOS, 1977). Quanto aos caracteres ultraestruturais, RADWAN et al. (2008) verificaram em microscopia eletrônica de transmissão, partículas filamentosas de *Bean yellow mosaic virus* medindo 14 μm de largura por 750 μm de comprimento. Além disso, inclusões podem ser encontradas no citoplasma de células vegetais infectadas. Em *Vicia faba*, inclusões em faixas opacas retas ou levemente curvas e cristais opacos de formas variadas, frequentemente hexagonais foram relatadas por RADWAN et al. (2008). Existem vários depósitos de sequências do *Bean yellow mosaic virus* no GenBank, o que facilita a verificação de identidade de nucleotídeos. Um exemplo é o acesso KX907126, encontrado no hospedeiro alternativo *Lupinus albus* (SCHULZE et al., 2017).

Em uma classificação completa o *Bean yellow mosaic virus* pertence ao filo Pisuviricota, classe Stelpaviricetes, ordem Patatavirales, família Potyviridae, gênero Potyvirus. Para esta obra, quanto a este tópico e, em se tratando de vírus, atenções serão direcionadas para qual o tipo de material genético possui o vírus, a morfologia da partícula viral (Figura 3), a família e o gênero.

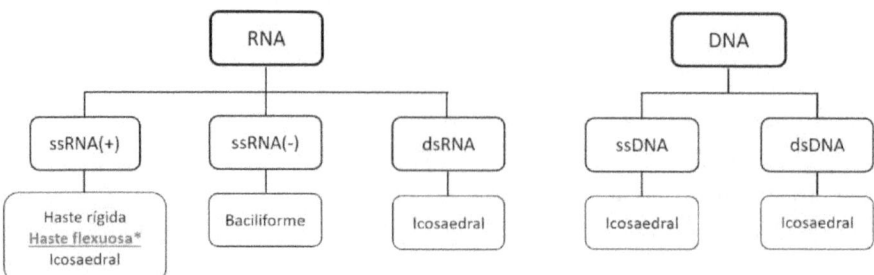

Figura 3. Posicionamento do *Bean yellow mosaic virus* dentro da sistemática de vírus baseando-se no tipo de material genético e quanto a morfologia da partícula viral.

Sintomatologia

O sintoma mais comum do mosaico amarelo é um mosaico verde amarelo nas folhas, mais severo e mais amarelo do que o mosaico comum (Figura 4), podendo ocorrer a formação de bolhas, rugas e redução do limbo foliar (WENDLAND et al., 2016).

Figura 4. Mosaico amarelo do feijoeiro: mosaico verde amarelo nas folhas, mais severo e mais amarelo do que o mosaico comum.

Epidemiologia

Condições climáticas: A temperatura do ar e a precipitação pluviométrica são os elementos climáticos com maiores impactos diretos e indiretos sobre as populações de insetos (ROSADO et al., 2015; SOARES et al., 2020). Em geral, o tempo médio de desenvolvimento desses organismos decresce com o aumento da temperatura dentro da amplitude térmica requerida para a sobrevivência de cada espécie (CAMPBELL & MACKAUER, 1975). As condições climáticas favoráveis para os insetos vetores são potencializadoras para ocorrência da doença e devem, portanto, ser observadas.

Disseminação: Embora existam relatos de que o *Bean yellow mosaic virus* não é transmitido pelas sementes de feijoeiro, o fato de ser transmitido por sementes de outras leguminosas deve ser considerado (SOFY et al., 2020), uma vez que essas plantas podem ocorrer nos plantios como hospedeiros alternativos. Além disso, o *Bean yellow mosaic virus* é transmitido por afídeos e de modo não-persistente (RADWAN et al., 2008).

Sobrevivência: Dentre as várias plantas hospedeiras que este vírus possui, incluem outras espécies de Fabaceae tais como *Kennedia prostrata, Vicia faba, Lupinus angustifolius, L. luteus, L. pilosus, L. albus, Melilotus indica* e *Pisum sativum* (WYLIE et al., 2008).

Controle

O mosaico amarelo é difícil de ser controlado devido ao seu largo espectro de hospedeiros alternativos e ao fato de a transmissão de seu afídeo vetor ser do tipo não-persistente. Além disso, o número de pesticidas químicos usados no manejo de doenças viróticas de plantas é limitado (SOFY et al., 2020). Não existem métodos efetivos de controle para o mosaico amarelo do feijoeiro.

Imunização: Na bibliografia existem resultados experimentais quanto ao emprego de ácido salicílico (RADWAN et al., 2008) e nanobicompostos de carboximetil quitosana-titânia almejando desencadear o sistema de defesa de plantas de *Vicia faba* contra o *Bean yellow mosaic virus* (SOFY et al., 2020).

Referências

CAMPBELL, A.; MACKAUER, M. Thermal constants for development of the pea aphid (Homoptera: Aphididae) and same of its parasites. **The Canadian Entomologist**, v.107, n.4, p.419-423, 1975.

DRIJFHOUT, E.; BOS, L. The identification of two new strains of bean common mosaic vírus. **Netherlands Journal of Plant Pathology**, v.83, p.13-25, 1977. https://doi.org/10.1007/BF01976508

RADWAN, D.E.M.; LU, G.; FAYEZ, K.A.; MAHMOUD, S.Y. Protective action of salicylic acid against *Bean yellow mosaic virus* infection in *Vicia faba* leaves. **Journal of Plant Physiology**, v.165, p.845-857, 2008. https://doi.org/10.1016/j.jplph.2007.07.012

ROSADO, J.F.; PICANÇO, M.C.; SARMENTO, R.A.; SILVA, R.S.; PEDRO-NETO, M.; CARVALHO, M.A.; ERASMO, E.A.L.; SILVA, L.C.R. Seasonal variation in the populations of *Polyphagotarsonemus latus* and *Tetranychus bastosi* in physic nut (*Jatropha curcas*) plantations. **Experimental and Applied Acarology**, v.66, p.415-426, 2015. https://doi.org/10.1007/s10493-015-9911-6

SCHULZE, A.; ROBERTS, R.; PIETERSEN, G. First Report of the Detection of *Bean yellow mosaic virus* (BYMV) on *Tropaeolum majus*; *Hippeastrum* spp., and *Liatris* spp. in South Africa. **Plant Disease**, v.101, n.5, p.846, 2017. https://doi.org/10.1094/PDIS-10-16-1446-PDN

SOARES, J.R.S.; PAES, J.S.; ARAÚJO, V.C.R.; ARAÚJO, T.A.; RAMOS, R.S.; PICANÇO, M.C.; ZANUNCIO, J.C. Spatiotemporal Dynamics and Natural Mortality Factors of *Myzus persicae* (Sulzer) (Hemiptera: Aphididae) in Bell Pepper Crops. **Neotropical Entomology**, v.49, p.445-455, 2020. https://doi.org/10.1007/s13744-020-00761-2

SOFY, A.R.; HMED, A.A.; ALNAGGAR, A.E.M.; DAWOUD, R.A.; ELSHAARAWY, R.F.M.; SOFY, M.R. Mitigating effects of *Bean yellow mosaic virus* infection in faba bean using new carboxymethyl chitosan-titania nanobiocomposites. **International Journal of Biological Macromolecules,** v.163, p.1261-1275, 2020. https://doi.org/10.1016/j.ijbiomac.2020.07.066

WENDLAND, A.; MOREIRA, A.S.; BIANCHINI, A.; GIAMPAN, J.S.; LOBO JUNIOR, M. Doenças do Feijoeiro. In: AMORIM, L.; REZENDE. J.A.M.; BERGAMIN FILHO, A.; CAMARGO, L.E.A. **Manual de Fitopatologia: Doenças das plantas cultivadas.** vol.2, 5.Ed. Ouro Fino: Agronômica Ceres, pp.383-396, 2016.

WYLIE, S.J.; COUTTS, B.A.; JONES, M.G.K.; JONES, R.A.C. Phylogenetic analysis of *Bean yellow mosaic virus* isolates from four continents: Relationship between the seven groups found and their hosts and origins. **Plant Disease**, v.92, n.12, p.1596-1603, 2008. https://doi.org/10.1094/PDIS-92-12-1596

3. Mosaico Dourado – *Bean golden mosaic virus*

Família: Geminiviridae
Gênero: Begomovirus

Etiologia
Segundo ZERBINI et al. (2017), a família Geminiviridae possui como características uma partícula icosaedral composta por duas subunidades quase isométricas germinadas, cada qual contendo um DNA circular fita simples (DNA-A e DNA-B) como material genético, respectivamente.

As partículas isométricas germinadas medem 22 a 38 nm em diâmetro cada uma. Tais partículas são possíveis de serem vistas somente em microscopia eletrônica de transmissão. De acordo com SNEHI et al. (2017), o genoma do gênero Begomovirus é organizado em ORFs (Open Reading frame), que são intervalos de sequência de DNA, os quais codificam para um produto detentor de uma função prevista dentro ciclo viral. No caso específico, segundo os autores mencionados, no DNA-A estão localizadas as ORFs AV1, AV2, AC1, AC2, AC3 e AC4, as quais codificam para produtos relacionados à encapsidação, proteína do movimento célula-célula, iniciação da replicação, ativadores de transcrição de ORFs à direita, aprimoramento de replicação e supressor de PTGS (silenciamento gênico pós transcricional), respectivamente. No DNA-B estão localizadas as ORFs BV1 e BC1, as quais codificam para produtos relacionadas à tráfico nuclear e movimento célula-célula – determinante de patogenicidade, respectivamente. Assim, após apresentadas as funções previstas das diferentes ORFs, nota-se que para o vírus ser infectivo, este necessita de ambos os componentes DNA-A e DNA-B.

O posicionamento taxonômico do *Bean golden mosaic virus* em uma perspectiva simplificada pode ser vista na figura 5.

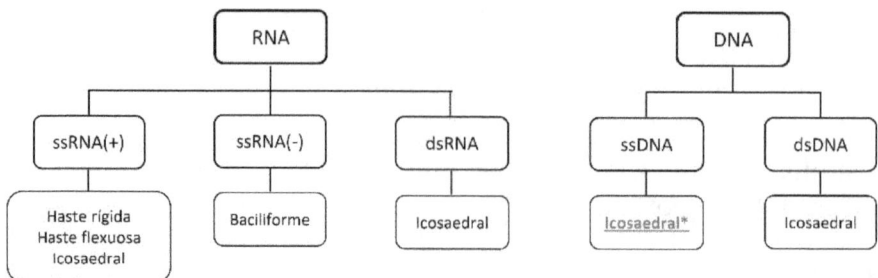

Figura 5. Posicionamento do *Bean golden mosaic virus* dentro da sistemática de vírus baseando-se no tipo de material genético e quanto a morfologia da partícula viral.

Sintomatologia

O principal sintoma é caracterizado por mosaico verde-amarelo brilhante nas folhas, crescimento atrofiado e vagens distorcidas (ARAGÃO et al., 2013; BATISTA et al., 2022). Os sintomas iniciam-se nas primeiras folhas trifoliadas, sempre associada à presença do vetor *Bemisia tabaci*, em que ocorre o amarelecimento foliar intenso, seguido de outros marcadores importantes que são o enrolamento de folhas, encarquilhamento, clorose nas nervuras, nanismo, superbrotamento e retardamento da senescência (WENDLAND et al., 2018). Para auxiliar na diagnose, é importante o emprego de PCR com primers específicos da espécie, conforme descrito por BONFIM et al. (2007).

Epidemiologia

Condições climáticas: *Bemisia tabaci* é o inseto vetor do vírus do mosaico dourado do feijoeiro, cuja interrelação vírus-vetor é do tipo Circulativo não propagativo (SNEHI et al., 2017). Com relação a *Bemisia tabaci*, em culturas economicamente importantes, estudos apontam que o tempo de desenvolvimento deste inseto diminui na medida em que há um aumento da temperatura de 14,9°C para 30,0°C na cultura do algodoeiro (BUTLER et al, 1983). Em outro estudo, conduzido na cultura do tomate, BONATO et al (2007), relataram que a taxa de desenvolvimento de *B. tabaci* aumenta, especialmente entre 17°C e 30°C. Essas condições climáticas favoráveis devem ser observadas durante a condução da cultura em questão, pois as relações funcionais entre temperatura e a vida do inseto são usados para avaliar o efeito na dinâmica populacional (BONATO et al., 2007).

Disseminação: O vírus do mosaico dourado do feijoeiro, ao contrário do vírus do mosaico comum, não é transmitido por sementes ou via transmissão mecânica.

Sobrevivência: Segundo BATISTA et al. (2022), o gênero Begomovirus tem sido reportado em vários hospedeiros tais como *Phaseolus vulgaris, P. lunatus, Glycine max, Vigna unguiculata, Calopogonium* sp., *Desmodium* sp., e *Macroptilium* sp.

Controle
Erradicação: Boa parte das medidas de controle visam à redução do inóculo inicial. Assim, o vazio sanitário adotado para o feijão é mencionado como uma medida efetiva (WENDLAND et al., 2018). Resumidamente, as medidas de controle são focadas principalmente no controle do inseto vetor, mais especificamente no monitoramento de sua população. Entretanto, problemas decorrentes do emprego de inseticidas têm dificultado a tarefa, dentre os quais pode-se citar o desenvolvimento de resistência do inseto à inseticidas, baixa relação custo-benefício e preocupações com o meio ambiente (BONFIM et al., 2007). Atenção deve ser dada aos hospedeiros alternativos mencionados na seção anterior, no sentido de se realizar o plantio distante ou mesmo a eliminação destes hospedeiros do inseto vetor.

Imunização: A Empresa Brasileira de Pesquisa Agropecuária (Embrapa) desenvolveu por meio de transformação genética o feijoeiro Embrapa 5.1. Trata-se de um material que possui como mecanismo de defesa o silenciamento gênico postranscricional contra sequências específicas do mRNA transcrito a partir do gene AC1 (rep) do DNA-A do *Bean golden mosaic virus*. O gene rep é um gene envolvido em funções necessárias e suficientes para a replicação viral. Ocorre que o gene rep é inativado via silenciamento do mRNA transcrito, o que impossibilita a replicação do vírus. Como resultado, a planta torna-se resistente (FARIA & ARAGÃO, 2013).

Referências

ARAGÃO, F.J.L.; NOGUEIRA, E.O.P.L.; TINOCO, M.L.P.; FARIA, J.C. Molecular characterization of the first commercial transgenic common bean immune to the *Bean golden mosaic virus*. **Journal of Biotechnology**, v.166, p.42-50, 2013. http://dx.doi.org/10.1016/j.jbiotec.2013.04.009

BATISTA, J.G.; NERY, F.M.B.; MELO, F.F.S.; MALHEIROS, M.F.; REZENDE, D.V.; BOITEUX, L.S.; FONSECA, M.E.N.; MIRANDA, B.E.C.; PEREIRA-CARVALHO, R.C. Complete genome sequence of a novel bipartite begomovirus infecting the legume weed *Macroptilium erythroloma*. **Archives of Virology**, v.167, p.1597-1602, 2022. https://doi.org/10.1007/s00705-022-05410-0

BONATO, O.; LURETTE, A.; VIDAL, C.; FARGUES, J. Modelling temperature-dependent bionomics of *Bemisia tabaci* (Q-biotype). **Physiological Entomology**, v.32, p.50-55, 2007. https://doi.org/10.1111/j.1365-3032.2006.00540.x

BONFIM, K.; FARIA, J.C.; NOGUEIRA, E.O.P.L.; MENDES, E.A.; ARAGÃO, F.J.L. RNAi-mediated resistance to *Bean golden mosaic virus* in genetically engineered common bean (*Phaseolus vulgaris*). **Molecular Plant-Microbe Interactions**, v.20, n.6, p.717-726, 2007. https://doi.org/10.1094/MPMI-20-6-0717

BUTLER, G.D.; HENNEBERRY, T.J.; CLAYTON, T.E. *Bemisia tabaci* (Homoptera: Aleyrodidae): Development, Oviposition, and Longevity in Relation to Temperature. ***Annals of the Entomological Society of America***, v.76, n.2, p.310-313, 1983. https://doi.org/10.1093/aesa/76.2.310

FARIA, J.C.; ARAGÃO, F.J.L. **Embrapa 5.1: o feijoeiro geneticamente modificado resistente ao mosaico dourado.** Empresa Brasileira de Pesquisa Agropecuária, Embrapa Arroz e Feijão, Ministério da Agricultura, Pecuária e Abastecimento. Santo Antônio de Goiás: Embrapa Arroz e Feijão. Documentos 291, 2013. 48p.

SNEHI, S.K.; PURVIA, A.S.; PARIHAR, S.S.; GUPTA, G.; SINGH, V.; RAJ, S.K. Overview of Begomovirus genomic organization and its impact. **International Journal of Current Research,** v.9, n.1, p.61368-61380, 2017.

WENDLAND, A.; LOBO JUNIOR, M.; FARIA, J.C. **Manual de identificação das principais doenças do feijoeiro-comum.** Empresa Brasileira de Pesquisa Agropecuária, Embrapa Arroz e Feijão, Ministério da Agricultura, Pecuária e Abastecimento. Brasília: Embrapa, 2018. 49p.

ZERBINI, F.M.; BRIDDON, R.B.; IDRIS, A.; MARTIN, D.P.; MORIONES, E.; NAVAS-CASTILLO, J.; RIVERA-BUSTAMANTE, R.; ROUMAGNAC, P.; VARSANI, A. ICTV Virus Taxonomy Profile: Geminiviridae. **Journal of General Virology,** v.98, p.131-133, 2017. https://doi.org/10.1099/jgv.0.000738

Doenças do Feijoeiro, 2022.

4. Crestamento bacteriano comum - *Xanthomonas phaseoli* pv. *phaseoli; Xanthomonas citri* pv. *fuscans* e *Xanthomonas cannabis* pv. *phaseoli*

Domínio: Bacteria
Filo: Proteobacteria
Classe: Gammaproteobacteria
Ordem: Xanthomonadales

Etiologia

A sistemática de bactérias está em constante mudança. Novas descrições seguem as regras do Código internacional de nomenclatura de Procariontes (International Code of Nomenclature of Prokaryotes) e, para os patovares, segue regras das Normas internacionais para nomeação de patovares (International Standards for Naming Pathovars). Toda alteração de nome ou nova descrição deve ser publicada exclusivamente no periódico "International Journal of Systematic and Evolutionary Microbiology" (BEDENDO & BELASQUE, 2018).

O gênero *Xanthomonas* tem como características tratar-se de uma bactéria gram-negativa, isto é, possui camada de peptídeoglicano menos espessa em comparação com as bactérias gram-positivas, se colorem de vermelho no teste de Gram e, apresentam a produção de muco no teste de KOH.

As bactérias do gênero *Xanthomonas* medem 0,4-1,0 x 1,2-3,0 μm (AGRIOS, 2005), possuem formato definido baciliforme e flagelo polar (monotríquias). As espécies de *Xanthomonas*, agentes causais do crestamento bacteriano comum do feijoeiro, possuem algumas caraterísticas de morfologia de colônia, fisiológicas e bioquímicas, as quais podem auxiliar na identificação (MAHUKU et al., 2006). Entretanto, a caracterização genética via emprego da técnica de PCR multiplex possibilitou a separação não só das espécies *Xanthomonas phaseoli* pv. *phaseoli* e *Xanthomonas citri* pv. *fuscans*, mas também a identificação das linhagens atualmente conhecidas (PAIVA et al., 2022).

A taxonomia de cepas infectivas tem sido debatida desde a identificação do gênero *Xanthomonas* como agente causal do crestamento bacteriano em 1897. Não é incomum encontrar bibliografias referindo-se aos agentes causais do cancro bacteriano comum do feijoeiro como sendo *Xanthomonas axonopodis* pv. *phaseoli* e *Xanthomonas fuscans* subsp. fuscans. CONSTANTIN et al. (2016) propuseram uma revisão taxonômica de espécies para o complexo *X. axonopodis* sugerindo a reclassificação destes patógenos como *Xanthomonas phaseoli* pv. *phaseoli* e *Xanthomonas citri* pv. *fuscans*. A partir de uma coleção de 117 cepas de *Xanthomonas* isoladas de plantas de feijão comum de várias regiões produtoras do Brasil, análises filogenéticas realizadas por PAIVA et al. (2022) revelaram que todos os variantes genéticos dos patógenos agentes do crestamento bacteriano comum (NF1, NF2, NF3 e fuscans) estão presente no Brasil, apresentando significativa variabilidade na virulência. Especificamente, a estas linhagens genéticas detectadas são assim distribuídas entre as duas espécies: *Xanthomonas citri* pv. *fuscans* (linhagem fuscans, NF2 e NF3) e *Xanthomonas phaseoli* pv. *phaseoli* (linhagem NF1). Além destas espécies mencionadas, a bactéria *Xanthomonas cannabis* pv. *phaseoli* também é considerada agente causal do crestamento bacteriano comum do feijoeiro (PAIVA, 2018).

O gênero *Xanthomonas* está posicionado na classe Gammaproteobacteria (Figura 6), mesma classe de outras importantes fitobactérias, tais como *Pseudomonas, Erwinia* e *Pectobacterium*.

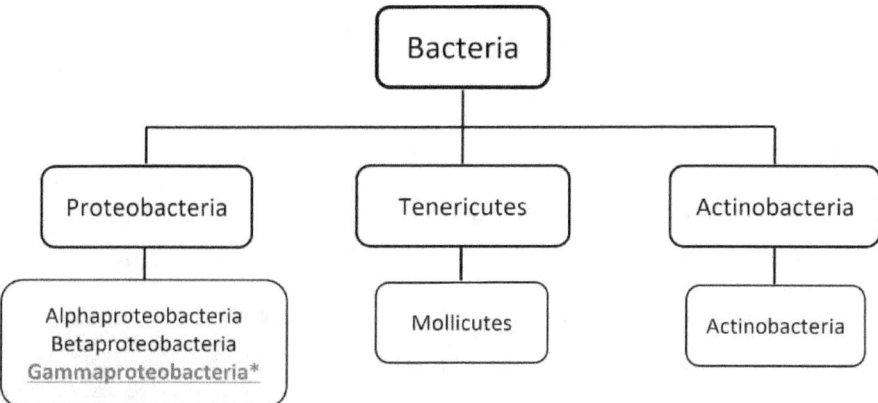

Figura 6. Posicionamento do gênero *Xanthomonas* dentro da recente sistemática de bactérias. O Filo Actiniobacteria agrupa as bactérias Gram-positivas, enquanto o Filo Proteobacteria contém as bactérias Gram-negativas. No Filo Tenericutes estão as bactérias desprovidas de parede celular.

Sintomatologia
As espécies *Xanthomonas phaseoli* pv. *phaseoli* e *Xanthomonas citri* pv. *fuscans* envolvidas com este patossistema provocam sintomas similares, atacando folhas, caule, vagens e sementes (SILVA JÚNIOR et al., 2022). Durante o processo de patogênese, a bactéria coloniza os espaços intercelulares, onde há o fluido intercelular, um meio líquido rico em nutrientes, constituindo-se em um excelente meio de cultura. Neste fluído a bactéria passa a se multiplicar e se movimentar entre as células (ROMEIRO, 2005). Devido a isso, as lesões adquirem características que remetem, inicialmente, a pequenas lesões com aspecto encharcado do tecido. Em um quadro mais avançado ocorre o aumento e coalescimento de lesões. As lesões coalescidas passam a exibir tecido necrosado com halo amarelado (Figura 7). Com a continuidade do processo, essas lesões podem ocupar toda a extensão do limbo foliar e com halos amarelos ainda maiores.

É oportuno mencionar aqui os sintomas incomuns observados pela estirpe de *Xanthomonas* denominada "Nyagatare", encontrada em Ruanda, no continente africano, o quais são caracterizados pelas plantas de feijoeiro exibindo enrolamento e murcha das folhas, manchas acastanhadas e brancas e, necroses marrom a escura nas nervuras (ARITUA et al. 2015). Neste mesmo estudo, após o sequenciamento do genoma, a estirpe Nyagatare se posicionou em um clado diferente de onde se posicionaram *Xathomonas axonopodis*, *X. citri* e *X. fuscans*, estabelecendo que a estirpe "Nyagatare" não estava filogeneticamente relacionada com as outras espécies associadas ao crestamento bacteriano comum.

Figura 7. Crestamento bacteriano comum do feijoeiro: lesões iniciais exibindo tecido necrosado com halo amarelado.

Epidemiologia
Condições climáticas: A ocorrência do crestamento bacteriano comum depende de altas temperaturas e umidade elevada (SILVA JÚNIOR et al., 2022).

Disseminação: O ataque de bactérias se baseia na penetração passiva por aberturas naturais (estômatos, lenticelas e hidatódios) e ferimentos. Em se tratando da penetração via estômatos, é importante ressaltar que há a necessidade de um filme de água foliar e umidade relativa elevada na câmara sub-estomatal para que as infecções bacterianas prossigam. A disseminação à curtas distâncias ocorre com auxílio da água da chuva, enquanto que as sementes são responsáveis pela disseminação a longas distâncias.

Sobrevivência: Após incitar os sintomas, a bactéria sobrevive por longos períodos em restos culturais, sementes e hospedeiros alternativos. De acordo com SILVA JÚNIOR et al. (2022), pelo menos 41 espécies de plantas, dentre culturas de importância econômica até plantas daninhas, foram relatadas como hospedeiros alternativos de *Xanthomonas phaseoli* pv. *phaseoli* e *Xanthomonas citri* pv. *fuscans*, seja por infecção natural ou mesmo inoculação artificial: *Acalypha alopecuroidea, Acanthospermum hispidum, Aeschynomene americana, Amaranthus retroflexus, Ambrosia artemisiifolia, Beta vulgaris, Calopogonium* sp., *Cenchrus echinatus, Chenopodium album, Cyperus rotundus, Digitaria sclalarum, Echinochloa colona, E. crus-galii, Euphorbia heterophylla, Glycine max, Lablab purpureus, Leptochloa filiformis, Lupinus polyphyllus, Macroptilium lathyroides, Malachra alceifolia, Mucuna deeringiana, Phaseolus acutifolius, P. coccineus, P. lunatus, Physalis* sp., *Pisum sativum, Portulaca oleracea, Pueraria* sp., *Rhynchosia mínima, Ruellia tuberosa, Senna hirsuta, Solanum nigrum, Strophostyles helvola, Vicia sativa, V. villosa, Vigna aconitifolia, V. angularis, V. mungo, V. radiata, V. umbellata* e *V. unguiculata*.

Controle
Referente a práticas culturais, as medidas terão como foco criar condições desfavoráveis para o patógeno e interferir na sua sobrevivência, reprodução e disseminação.

Evasão: Recomenda-se implantação de lavoura com 30 metros de distância de outras lavouras.

Exclusão: Deve-se promover o plantio de sementes livres da bactéria.

Erradicação: Dentre as medidas dentro do princípio da erradicação, são recomendados: rotação de culturas, remoção de hospedeiros alternativos e eliminação de restos culturais.

Regulação: Realizar a adubação e irrigação adequadas e evitar trânsito quando as plantas estiverem molhadas (BEDENDO et al., 2018). No Brasil, não existem produtos comerciais registrados para o controle biológico do crestamento bacteriano comum do feijoeiro. Entretanto, vários gêneros de agentes de biocontrole, principalmente bactérias, possuem potencial para o desenvolvimento de produtos comerciais visando ao controle desta doença (SILVA JÚNIOR et al., 2022).

Imunização: Em se tratando do crestamento bacteriano comum, a principal medida de controle baseia-se no emprego de cultivares resistentes. No Brasil as cultivares BRS Notável (feijão carioca) e BRS Esplendor (feijão preto) são consideradas resistentes. As demais cultivares disponíveis no mercado são consideradas moderadamente resistentes, incluindo as cultivares do grupo especial (feijão Jalo e Rajado) (SILVA JÚNIOR et al., 2022).

Terapia: Quanto ao emprego de produtos químicos, existem estudos com vistas a aplicação de antibióticos no tratamento de sementes. Entretanto, existem resultados não satisfatórios e sem a completa erradicação das bactérias (LIANG et al., 1992). Já em lavouras, aplicação de sulfato de cobre ou hidróxido de cobre é indicado para o manejo do crestamento bacteriano comum (BELETE & BASTAS, 2017).

Referências
AGRIOS, G.N. **Plant Pathology.** 5th ed. San Diego: Academic Press, 2005, 922p.

ARITUA, V.; MUSONI, A.; KABEJA, A.; BUTARE, L.; MUKAMUHIRWA, F.; GAHAKWA, D.; KATO, F.; ABANG, M.M.; BURUCHARA, R.; SAPP, M.; HARRISON, J.; STUDHOLME, D.J.; SMITH. J. The draft genome sequence of *Xanthomonas* species strain Nyagatare, isolated from diseased bean in Rwanda. **FEMS Microbiology Letters**, v.362, n.4, fnu055, 2015.

https://doi.org/10.1093/femsle/fnu055

BEDENDO, I.P.; BELASQUE, J. Bactérias fitopatogênicas. In: AMORIM, L.; REZENDE, J.A.M.; BERGAMIN FILHO, A. **Manual de Fitopatologia: princípios e conceitos**. vol.1, 5.Ed. Ouro Fino: Agronômica Ceres, pp.143-160, 2018.

BELETE, T.; BASTAS, K.K. Common bacterial blight (*Xanthomonas axonopodis* pv. *phaseoli*) of beans with special focus on Ethiopian condition. **Journal of Plant Pathology & Microbiology**, v.8, p.1-10, 2017. https://doi.org/10.4172/2157-7471.1000403

CONSTANTIN, E.C.; CLEENWERCK, I.; MAES, M.; BAEYEN, S.; VAN MALDERGHEM, C.; DE VOS, P.; COTTYN, B. Genetic characterization of strains named as *Xanthomonas axonopodis* pv. *dieffenbachiae* leads to a taxonomic revision of the *X. axonopodis* species complex. **Plant Pathology**, v.65, p.792-806, 2016. https://doi.org/10.1111/ppa.12461

LIANG, L.Z.; HALLOIN, J.M.; SAETTLER, A.W. Use of polyethylene glycol and glycerol as carriers of antibiotics for reduction of *Xanthomonas campestris* pv. *phaseoli* in navy bean seeds. **Plant Disease**, v.76, p.875-879, 1992. https://doi.org/10.1094/PD-76-0875

MAHUKU, G.S.; JARA, C.; HENRIQUEZ, M.A.; CASTELLANOS, G.; CUASQUER, J. Genotypic Characterization of the common bean bacterial blight pathogens, *Xanthomonas axonopodis* pv. *phaseoli* and *Xanthomonas axonopodis* pv. *phaseoli* var. *fuscans* by rep-PCR and PCR–RFLP of the ribosomal genes. **Journal of Phytopathology**, v.154, p.35-44, 2006. https://doi.org/10.1111/j.1439-0434.2005.01057.x

PAIVA, B.A.R. **Crestamento bacteriano do feijoeiro no Brasil: distribuição, diversidade e detecção de seus agentes causais *Xanthomonas* spp.** Tese (Doutorado em Fitopatologia). Departamento de Fitopatologia, Universidade de Brasília, Brasília,

2018. 176p.

PAIVA, B.A.R.; WENDLAND, A.; ROSSATO, M.; FERREIRA, M.A.S.V. Virulence and type III effector diversities of *Xanthomonas citri* pv. *fuscans* and X. *phaseoli* pv. *phaseoli* in Brazil. **Journal of Phytopathology**, v.170, p.1-14, 2022. https://doi.org/10.1111/jph.13049

ROMEIRO, R.S. **Bactérias fitopatogênicas,** 2 ed. Viçosa: Editora UFV. 2005. 417p.

SILVA JÚNIOR, T.A.F.; NASCIMENTO, D.M.; SILVA, J.C.; SOMAN, J.M.; GONÇALVES, R.M.; MARINGONI, A.C. Common bacterial blight of beans: an integrated approach to disease management in Brazil. **Tropical Plant Pathology**, v.47, p.457-469, 2022. https://doi.org/10.1007/s40858-022-00504-1

5. Murcha de *Curtobacterium* – *Curtobacterium falccumfaciens* pv. *flaccumfaciens*

Domínio: Bacteria
Filo: Actinobacteria
Classe: Actinobacteria
Ordem: Micrococcales

Etiologia
Dentre algumas características morfológicas principais, é marcante nas bactérias Gram-positivas o fato de estas possuírem espessa camada de peptídeoglicano quando comparada às bactérias Gram-negativas. A rígida camada de peptídeoglicano confere forma à célula bacteriana.

Neste caso em questão, a *Curtobacterium* apresentará forma de bastonete e, segundo BEDENDO & BELASQUE (2018), com tamanho de 0,3-0,6 x 0,5-3,0 µm, em colônias amarelas ou alaranjadas e aeróbias obrigatórias. Segundo OSDAGHI et al. (2020), estirpes de coloração amarela são mais predominantes e agressivas quando compradas com outras variantes. *Curtobacterium falccumfacines* pv. *flaccumfaciens* é a única espécie do gênero identificada no Brasil, onde ataca o feijoeiro e soja.

A *Curtobacterium* pertence um grupo considerado minoria dentre as bactérias fitopatogênicas, o das bactérias Gram-positivas. Esses organismos podem ser encontrados no Filo Actinobacteria e, no caso da bactéria em questão, na classe que leva o mesmo nome (Figura 8).

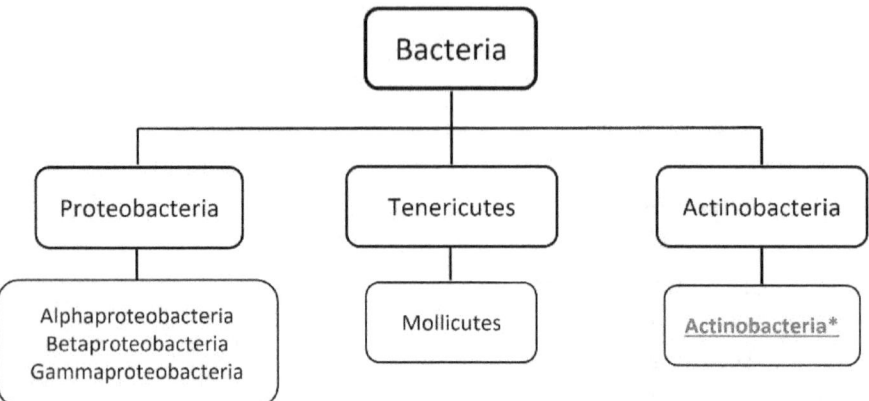

Figura 8. Posicionamento do gênero *Curtobacterium* dentro da recente sistemática de bactérias. O Filo Actiniobacteria agrupa as bactérias Gram-positivas, enquanto o Filo Proteobacteria contém as bactérias Gram-negativas. No Filo Tenericutes estão as bactérias desprovidas de parede celular.

Sintomatologia
A bactéria coloniza os vasos do xilema, obstruindo a passagem de seiva bruta, levando aos sintomas que serão discutidos a seguir. Portanto, dentre os sintomas, destacam-se a flacidez intercalar e clorose nos folíolos, o que leva a áreas necróticas no limbo foliar, rodeadas por margens cloróticas (CHEN et al., 2021). Com o avanço dos sintomas, é possível ser observar murcha das folhas durante os períodos mais secos do dia, podendo chegar a murcha da planta inteira e morte da planta nos casos de infecções mais severas e condições ambientais favoráveis ao patógeno (HARVESON et al., 2015). Outro sintoma característico é a descoloração da superfície da semente em tons amarelo ou alaranjado e enrugamento da mesma (HARDING et al., 2022). Outros sintomas são a queima, murcha e enrugamento da margem foliar (PUIA et al., 2021), escurecimento vascular, nanismo, enfezamento e, consequente morte das plantas (WENDLAND et al., 2018).

A murcha de *Curtobacterium* pode ser confundida com a murcha de Fusarium, o que dificulta a diagnose, por isso recomenda-se o isolamento da bactéria e PCR com primers específicos para diagnose. GONÇALVES et al. (2021), com vistas a confirmar a ocorrência de murcha bacteriana em plantas de feijoeiro sintomáticas empregou a técnica de PCR com primers específicos CffFOR2 (5'- GTTATGACTGAACTTCACTCC-3') e CffREV4 (5'-GATGTTCCCGTGTGTTCAG-3'), com amplificação de um fragmento de DNA de 306 pb. Essa técnica pode ser acompanhada por reinoculação em variedades suscetíveis. Neste caso, testes de patogenicidade podem ser conduzidos em plantas de feijoeiro cv. Pérola (GONÇALVES et al., 2021).

Epidemiologia
Condições climáticas: A sobrevivência da bactéria entre estações de cultivo pode ser influenciada por fatores bióticos como a diversidade microbiana no solo e fatores abióticos como umidade, temperatura, pH, aeração e características físicas do solo (LENNON et al., 2012; GONÇALVES et al., 2018). Temperaturas acima de 30°C favorecem a ocorrência da doença (WENDLAND et al., 2016). Sob outro aspecto, entretanto, quando em condições controladas de temperatura a 20°C e umidade entre 15 e 22%, *C. flaccumfaciens* pv. *flaccumfaciens* mostrou maior tempo de sobrevida no solo (SILVA JUNIOR et al., 2012).

Disseminação: *C. flaccumfaciens* pv. *flaccumfaciens* está incluída na lista de patógenos quarentenários do tipo A2 (alto risco) da Organização de Proteção de Plantas da Europa e do Mediterrâneo e, portanto, nestas regiões, está sob estrito controle quarentenário (CHEN et al., 2021). A principal via de disseminação é por sementes (BEDENDO & BELASQUE, 2018). Esse mecanismo de disseminação merece destaque pois a bactéria sobrevive em sementes por até 25 anos e a a taxa de transmissão da semente para a plântula originada é de 100%, afetando a germinação (WENDLAND et al., 2016).

Sobrevivência: É interessante frisar que a maioria das bactérias fitopatogênicas não formam esporos ou estruturas de resistência, o que provoca o inóculo a sobreviver entre estações de cultivo associados a restos culturais ou hospedeiros alternativos. Além da própria cultura do feijoeiro como plantas voluntárias, as plantas daninhas são importantes hospedeiros alternativos de patógenos, responsáveis pela sobrevivência e disseminação de bactérias fitopatogênicas, por exemplo. Neste contexto, resultados obtidos por NASCIMENTO et al. (2020) mostraram que *Amaranthus viridis* (Amaranthaceae), *Conyza bonariensis, Emilia fosbergii, Galinsoga parviflora, Gnaphalium purpureum* (Asteraceae), *Raphanus sativus, Lepidium virginicum* (Brassicaceae), *Commelina benghalensis* (Commelinaceae), *Ipomoea triloba* (Convolvulaceae), *Cyperus rotundus* (Cyperaceae), *Senna obtusifolia* (Fabaceae), *Digitaria insularis* (Poaceae), *Nicandra physalodes* e *Solanum americanum* (Solanaceae) são hospederios potenciais para *C. flaccumfaciens* pv. *flaccumfaciens*. Portanto, os autores mencionados recomendam em seu estudo a erradicação destas plantas em lavouras de feijoeiro, principalmente em lavouras com histórico de ocorrência da murcha de *Curtobacterium*.

Controle
Exclusão: Recomenda-se como medida de exclusão, o emprego de sementes certificadas.

Erradicação: Deve-se erradicar plantas hospedeiras, incluindo plantas voluntárias de feijoeiro. Resultados obtidos por GONÇALVES et al. (2021) reforçam a importância de três aspectos a serem observados na prática da rotação de culturas almejando o controle de *C. flaccumfaciens* pv. *faccumfaciens*: (1) o plantio de cultivares com um nível de resistência a murcha bacteriana, (2) o plantio de culturas não hospedeiras de *Curtobacterium* em sistemas de rotação e (3) o pousio da área por um longo período visando a redução da população da bactéria no solo, entretanto utilizado em rotação com culturas não hospedeiras. Nessa pesquisa em particular, os autores mencionados verificaram que as cultivares BRS Campeiro, BRS Estilo, IPR Tuiuiú, Tangará e IPR Campos Gerais apresentaram baixa incidência, baixa severidade e maior produtividade destes materiais. Em outra via de avaliação, cepas de *C. flaccumfaciens* pv. *faccumfaciens* foram recuperados de plantas de aveia preta e trigo empregadas nos sistemas de rotação. Esta última componente é importante de ser observada, pois a rotação com hospedeiros da bactéria compromete a eficiência dessa prática. De acordo com NASCIMENTO et al. (2022), a sobrevivência de *C.*

flaccumfaciens pv. *faccumfaciens* no solo foi influenciada negativamente por altas temperaturas e baixa umidade no solo, de modo que, períodos de pousio que variam de três para quatro meses podem reduzir a quantidade de inóculo em solos submetidos a estas condições.

Imunização: Adoção de cultivares resistentes

Terapia: Não existem produtos registrados para *C. flaccumfaciens* pv. *faccumfaciens* na base de dados do Ministério da Agricultura, Pecuária e Abastecimento.

Referências
BEDENDO, I.P.; BELASQUE, J. Bactérias fitopatogênicas. In: AMORIM, L.; REZENDE, J.A.M.; BERGAMIN FILHO, A. **Manual de Fitopatologia: princípios e conceitos**. vol.1, 5.Ed. Ouro Fino: Agronômica Ceres, pp.143-160, 2018.

CHEN, G.; KHOJASTEH, M.; TAHERI-DEHKORDI, A.; TAGHAVI, S.M.; RAHIMI, T.; OSDAGHI, E. Complete genome sequencing provides novel insight into the virulence repertories and phylogenetic position of dry beans pathogen *Curtobacterium flaccumfaciens* pv. *flaccumfaciens*. **Phytopathology**, v.111, p.268-280. 2021. https://doi.org/10.1094/PHYTO-06-20-0243-R

GONÇALVES, R.M.; SILVA JÚNIOR, T.A.F.; SOMAN, J.M.; SILVA, J.C.; MARINGONI, A.C. Effect of crop rotation on common bean cultivars against bacterial wilt caused by *Curtobacterium flaccumfaciens* pv. *flaccumfaciens*. **European Journal of Plant Pathology**, v.159, p.485-493, 2021. https://doi.org/10.1007/s10658-020-02176-6

GONÇALVES, R.M.; SOMAN, J.M.; KRAUSE-SAKATE, R.; PASSOS, J.R.S.; SILVA JÚNIOR, T.A.F.; MARINGONI, A.C. Survival of *Curtobacterium flaccumfaciens* pv. *flaccumfaciens* in the soil under Brazilian conditions. **European Journal of Plant Pathology**, v.152, p.213-223, 2018. https://doi.org/10.1007/s10658-018-1466-z

HARDING, M.W.; MARQUES, L.L.R.; ALLAN, N.; OLSON, M.E.; BUZIAK, B.; NADWORNY, P.; OMAR, A.; HOWARD, R.J.; FENG, J. Bactericidal efficacy of oxidized silver against biofilms formed by *Curtobacterium flaccumfaciens* pv. *flaccumfaciens*. **The Plant Pathology Journal,** v.38, n.4, p.334-344, 2022. https://doi.org/10.5423/PPJ.OA.04.2022.0055

HARVESON, R.M.; SCHWARTZ, H.F.; URREA, C.A.; YONTS, C.D. Bacterial wilt of dry-edible beans in the central high plains of the U.S.: Past, Presente and Future. **Plant Disease,** v.99, n.12, p.1665-1677, 2015. https://doi.org/10.1094/PDIS-03-15-0299-FE

LENNON, J.T.; AANDERUD, Z.T.; LEHMKUHL, B.K.; SCHOOLMASTER, D.R. Mapping the niche space of soil microorganisms using taxonomy and traits. **Ecology,** v.93, n.8, p.1867-1879, 2012. https://doi.org/10.1890/11-1745.1.

NASCIMENTO, D.M.; OLIVEIRA, L.R.; MELO, L.L.; RIBEIRO-JUNIOR, M.R.; SILVA, J.C.; SOMAN, J.M.; SARTORI, M.M.P.; SILVA JÚNIOR, T.A.F.; MARINGONI, A.C. Survival of *Curtobacterium flaccumfaciens* pv. *flaccumfaciens* from soybean and common bean in soil. **European Journal of Plant Pathology,** v.162, p.971-979, 2022. https://doi.org/10.1007/s10658-021-02451-0

NASCIMENTO, D.M.; OLIVEIRA, L.R.; MELO, L.L.; SILVA, J.C.; SOMAN, J.M.; GIROTTO, K.T.; EBURNEO, R.P.; RIBEIRO-JUNIOR, M.R.; SARTORI, M.M.P.; SILVA JÚNIOR, T.A.F.; MARINGONI, A.C. Survival of *Curtobacterium flaccumfaciens* pv. *flaccumfaciens* in weeds. **Plant Pathology,** v.69, p.1357-1367, 2020. https://doi.org/10.1111/ppa.13206

OSDAGHI, E.; YOUNG, A.J.; HARVESON, R.M. Bacterial wilt of dry beans caused by *Curtobacterium flaccumfaciens* pv. *flaccumfaciens*: A new threat from an old enemy. **Molecular Plant Pathology,** v.21, p.605-621, 2020. https://doi.org/10.1111/mpp.12926

PUIA, J.D.; FERREIRA, M.G.D.B.; HOSHINO, A.T.; BORSATO, L.C.; CANTERI, M.G.; VIGO, S.C. Occurrence of *Curtobacterium flaccumfaciens* pv. *flaccumfaciens* in the state of Paraná and its pathogenicity in beans. **European Journal of Plant Pathology,** v.159, p.627-636, 2012. https://doi.org/10.1007/s10658-020-02193-5

SILVA JÚNIOR, T.A.F.; NEGRÃO, D.R.; ITAKO, A.T.; SOMAN, J.M.; MARINGONI, A.C. Survival of *Curtobacterium flaccumfaciens* pv. *flaccumfaciens* in soil and bean crop debris. **Journal of Plant Pathology,** v.94, n.2, p.331-337, 2012. https://doi.org/10.4454/JPP.FA.2012.025

WENDLAND, A.; LOBO JUNIOR, M.; FARIA, J.C. **Manual de identificação das principais doenças do feijoeiro-comum.** Empresa Brasileira de Pesquisa Agropecuária, Embrapa Arroz e Feijão, Ministério da Agricultura, Pecuária e Abastecimento. Brasília: Embrapa, 2018. 49p.

WENDLAND, A.; MOREIRA, A.S.; BIANCHINI, A.; GIAMPAN, J.S.; LOBO JUNIOR, M. Doenças do Feijoeiro. In: AMORIM, L.; REZENDE. J.A.M.; BERGAMIN FILHO, A.; CAMARGO, L.E.A. **Manual de Fitopatologia: Doenças das plantas cultivadas**. vol.2, 5.Ed. Ouro Fino: Agronômica Ceres, pp.383-396, 2016.

6. Antracnose - *Colletotrichum lindemuthianum*

Reino: Fungi
Filo: Ascomycota
Ordem: Glomerellales
Família: Glomerellaceae

Etiologia

Existem 68 ordens para o Filo Ascomycota, das quais, 18 apresentam importância dentro da fitopatologia (MASSOLA JÚNIOR, 2018). Outro ponto a ser considerado é a questão da dupla nomenclatura existente para o caso de fungos do Filo Ascomycota. Neste sentido, deve-se atentar para a ordem e família em que se encontra o fungo quando em sua fase teleomórfica (*Glomerella cingulata* f. sp *phaseoli*), em detrimento de seu anamorfo (*Colletotrichum lindemuthianum*).

A família Glomerellaceae é a família mais importante para a fitopatologia dentro da ordem Glomerellales. Dentre os caracteres morfológicos notórios para a ordem Glomerellales e família Glomerellaceae, destacam-se o corpo de frutificação sexual do tipo Peritécio (SUTTON & SHANE, 1983), sem estroma, ascas unitunicadas, as quais produzem ascósporos unicelulares, hialinos, elipsóides, retos ou ligeiramente curvos (MASSOLA JÚNIOR, 2018). O anamorfo *Colletotrichum* é agente causal de uma grande gama de hospedeiros de importância agronômica e econômica (SILVA et al., 2020), tais como manga (ASSUNÇÃO et al., 2018) e culturas anuais, a exemplo do feijoeiro (NABI et al, 2022) e da soja (BOUFLEUR et al., 2021).

A espécie *Colletotrichum lindemuthianum* apresenta grande variabilidade genética, morfológica e fisiológica (SOUZA et al., 2007; NABI et al., 2022). Caracteres fenotípicos importantes usados na taxonomia do gênero *Colletotrichum* compreendem as dimensões de conídios não germinados e a análise da presença de septos em conídios germinados (O'CONNELL et al., 1992).

Neste sentido, os principais caracteres do patógeno são os conídios hialinos, cilíndricos, asseptados, medindo 3,5-8,3 x 11,5-20,7 μm (PINTO et al., 2012). Além disso, sempre são encontrados os acérvulos, os quais possuem setas escuras e bem evidentes. A figura 9 esquematiza o posicionamento do fungo *C. lindemuthianum* no atual mapa da taxonomia do Reino Fungi.

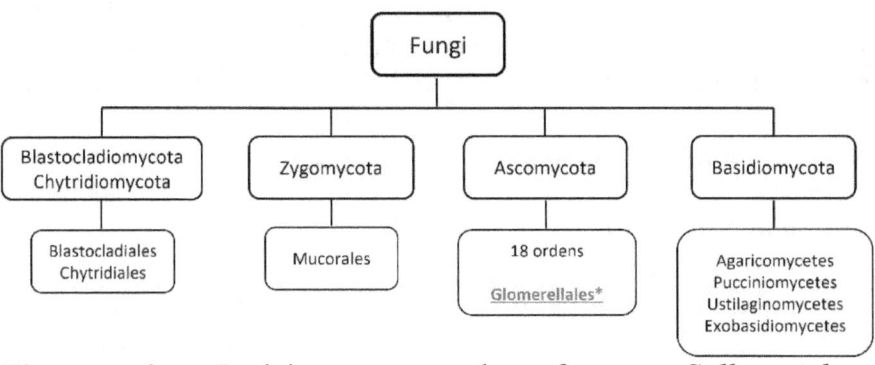

Figura 9. Posicionamento do fungo *Colletotrichum lindemuthianum* dentro da ordem Glomerellales, do reino Fungi.

Sintomatologia
Embora a infecção possa ocorrer em ambas as faces da folha, os sinais iniciais da infecção usualmente aparecem na face abaxial ao longo das nervuras, as quais mostram uma descoloração em um tom avermelhado. Mais tarde, esta descoloração aparece também na face adaxial (MOHAMMED, 2013; NABI et al., 2022). O sintoma mais típico é encontrado nas vagens, onde se observa lesões circulares profundas (Figura 10), com bordo marrom ou avermelhado, podendo conter até sinais do patógeno como a presença de uma massa de esporos de cor avermelhada (PADDER et al., 2017; NABI et al., 2022).

Figura 10. Antracnose do feijoeiro: sintoma típico nas vagens, onde se observa lesões circulares deprimidas, com bordo marrom ou avermelhado.

Epidemiologia
Condições climáticas: Dias nublados com temperaturas moderadas e alta umidade são favoráveis a doença (NABI et al., 2022).

Disseminação: No campo, restos culturais contribuem para disseminação e sobrevivência, enquanto as sementes possuem importante papel não só na sobrevivência, mas também na disseminação a longas distâncias.

Sobrevivência: Além de sobreviver nas sementes, o patógeno sobrevive em restos culturais e hospedeiros alternativos, tais como *Phaseolus lunatus, P. coccieus, P. acutitolius, Vigna radiate, Vigna unguiculata, Dolichos bitloris, Vicia faba, Glycine max, Pisum sativum* e *Vigna mungo* (MOHAMMED, 2013).

Controle

Exclusão: Não se deve usar sementes obtidas de campos previamente infectados por antracnose (BUSH, 2009). Portanto, recomenda-se o uso de sementes sadias e certificadas, obtidas de campos de produção cujas condições não são favoráveis para a antracnose.

Erradicação: Os restos culturais devem ser removidos após a colheita para reduzir a sobrevivência no inverno. Além disso, uma rotação de culturas por dois anos, empregando-se espécies não hospedeiras (cereais e solanáceas), é recomendada para minimizar a chance de sobrevivência do fungo (MOHAMMED, 2013).

Regulação: BUSH (2009) também reforça a necessidade de garantir o espaçamento adequado entre plantas, principalmente em campos destinados a produção de sementes. A prática da irrigação merece atenção, pois esta favorece a liberação de massas de esporos nas folhagens pelos respingos de água produzidos pela aspersão.

Imunização: Pode-se empregar variedades resistentes, apesar da grande variabilidade genética e ocorrência de mais de 182 raças de *C. lindemuthianum* no mundo (PADDER et al., 2017).

Terapia: Em se tratando de terapia, é importante mencionar o emprego de fungicidas para pulverização da parte aérea das plantas, bem como no tratamento de sementes (MOHAMMED, 2013). No Brasil, existe um bom número de produtos registrados. Ao realizar uma breve consulta no site AGROFIT do Ministério da Agricultura, Pecuária e Abastecimento (https://agrofit.agricultura.gov.br/agrofit_cons/principal_agrofit_cons) para produtos registrados para *Colletotrichum lindemuthianum*, verificou-se a existência de 132 fungicidas catalogados na seção de produtos formulados para aplicação aérea/terrestre e 22 fungicidas catalogados na seção de produtos formulados para o tratamento de sementes (AGROFIT, 2022).

Referências
AGROFIT. **Sistemas de agrotóxicos fitossanitários**. Ministério da Agricultura, Pecuária e Abastecimento. Disponível em:

<http://extranet.agricultura.gov.br/agrofit_cons/principal_agrofit_cons> Acesso em 12/08/2022.

ASSUNÇÃO, M.C.; AMARAL, A.G.G.; LINS, F.J.A. Efeito da temperatura e de embalagens sobre a antracnose em frutos de Manga cv. Tommy Atkins. **Ciência Agrícola,** v.16, n.3, p.35-42, 2018. https://doi.org/10.28998/rca.v16i3.3490

BOUFLEUR, T.R.; MASSOLA JÚNIOR, N.S.; TIKAMI, Í.; SUKNO, S.A.; THON, M.R.; BARONCELLI, R. Identification and Comparison of Colletotrichum Secreted Effector Candidates Reveal Two Independent Lineages Pathogenic to Soybean. **Pathogens**, v.10, e-1520, 2021. https://doi.org/10.3390/pathogens10111520

MASSOLA JÚNIOR, N.S. Fungos fitopatogênicos. In: AMORIM, L.; REZENDE, J.A.M.; BERGAMIN FILHO, A. **Manual de Fitopatologia: princípios e conceitos**. vol.1, 5.Ed. Ouro Fino: Agronômica Ceres, pp.107-142, 2018.

MOHAMMED, A. An overview of distribution, biology and the management of common bean anthracnose. **Journal of Plant Pathology & Microbiology**, v.4, n.8, p.193, 2013. https://doi.org/10.4172/2157-7471.1000193

NABI, A.; LATEEF, I.; NISA, Q.; BANOO, A.; RASOOL, R.S.; SHAH, M.D.; AHMAD, M.; PADDER, B.A. *Phaseolus vulgaris - Colletotrichum lindemuthianum* pathosystem in the post-genomic era: an update. **Current Microbiology,** v.79:36, 2022. https://doi.org/10.1007/s00284-021-02711-6

O'CONNELL, R.J.; NASH, C.; BAILEY, J.A. Lectin citochesmitry: a new approach to understanding cell differentiation, pathogenesis and taxonomy in *Colletotrichum*. In: BAYLEY, J.A.; JEGER, M.J. ***Colletotrichum*: Biology, Pathology and Control**, Wallingford: CAB International, pp.67-87, 1992.

PADDER, B.A.; SHARMA, P.N.; AWALE, H.E.; KELLY, J.D. *Colletotrichum lindemuthianum*, the causal agent of bean anthracnose. **Journal of Plant Pathology**, v.99, n.2, p.317-330, 2017. http://dx.doi.org/10.4454/jpp.v99i2.3867

PINTO, J.M.A.; PEREIRA, R.; MOTA, S.F.; ISHIKAWA, F.H.; SOUZA, E.A. Investigating phenotypic variability in *Colletotrichum lindemuthianum* populations. **Phytopathology**, v.102, p.490-497, 2012. https://doi.org/10.1094/PHYTO-06-11-0179

SILVA, L.L.; MORENO, H.L.A.; CORREIA, H.L.N.; SANTANA, M.F.; QUEIROZ, M.V. Colletotrichum: species complexes, lifestyle, and peculiarities of some sources of genetic variability. **Applied Microbiology and Biotechnology**, v.104, p.1891-1904, 2020. https://doi.org/10.1007/s00253-020-10363-y

SOUZA, B.O.; SOUZA, E.A.; MENDES-COSTA, M.C. Determinação da variabilidade em isolados de *Colletotrichum lindemuthianum* por meio de marcadores morfológicos e culturais. **Ciência e Agrotecnologia**, v.31, p.1000-1006, 2007. https://doi.org/10.1590/S1413-70542007000400009

SUTTON, T.B., SHANE, W.W. Epidemiology of the perfect stage of *Glomerella cingulata* on apples. **Phytopathology**, v.73, p.1179-1183, 1983. https://doi.org/10.1094/Phyto-73-1179

7. Mancha angular - *Pseudocercospora griseola*

Reino: Fungi
Filo: Ascomycota
Ordem: Capnodiales
Família: Mycosphaerellaceae

Etiologia
Em se tratando da ordem Capnodiales, especialmente a família Mycospaerellaceae, que é a principal da ordem, encontra-se o gênero *Mycosphaerella*, o qual é teleomorfo de uma grande gama de espécies anamórficas de importância agronômica, tais como *Pseudocercospora* em feijoeiro (PÁDUA et al., 2022) e *Cercospora* e *Septoria* em soja (GODOY et al, 2016).

A classificação baseada na morfologia da estrutura de reprodução sexual tem sido revisto mediante emprego de técnicas moleculares. LUMBSCH & HUHNDORF (2007) já haviam abordado a problemática circunscrição da classe Loculoascomycetes, bem como a classificação e proposição de ordens dentro desta classe. Neste sentido, frisamos que para o filo Ascomycota, em especial nesta obra, direcionamentos serão realizados para as ordens de importância econômica ocorrentes dentro do filo, não havendo qualquer proposta de classificação para um nível de classes dentro do filo Ascomycota.

Pseudocercospora griseola produz conídios em feixes de conidióforos de coloração escura (sinemas) na face abaxial das folhas.

Os conídios são obclavado-cilíndricos, amplamente subfusiformes, enquanto conídios curtos são, por vezes, elipsoide-ovoide a cilíndrico curtos, retos a curvados medindo 20,0-85,0 µm de comprimento por 4,0-9,0 µm de largura central, septados e, medindo 1,5-3,0 µm de largura basal (CROUS et al., 2006). O nível de variabilidade entre e dentro de populações de *Pseudocrecospora griseola* é consideravelmente alto (LIEBENBERG & PRETORIUS, 1997). Além da variabilidade patogênica já reportada no Brasil

(SILVA et al., 2008), Argentina (STENGLEIN et al., 2006) e Turquia (CANPOLAT & MADEN, 2020), existe também variabilidade na morfologia deste fungo. Os dados referentes a caracterização morfológica de *P. griseola*, mesmo dentro dos intervalos de medidas propostos por CROUS et al. (2006), são variáveis. Para exemplificar, podemos citar o trabalho de LIBRELON et al. (2022), que após avaliar 125 isolados de diferentes localidades do estado de Minas Gerais, Brasil, encontrou as medidas de 33,6-43,4 µm de comprimento por 5,2-10,9 de largura.

No caso específico do feijoeiro, o membro da ordem Capnodiales mais importante é o fungo *Pseudocercospora griseola*, agente causal da mancha angular do feijoeiro (Figura 11). O agente causal era antes conhecido como *Phaeoisariopsis griseola*, até que CROUS et al. (2006) fizeram uma reavaliação do status taxonômico para esta espécie. Análises de sequências SSU nrDNA (Small subunit nuclear ribosomal deoxyribonucleic acid) revelaram que o gênero *Phaeoisariopsis* era indistinguível de outros gêneros Hyphomycetes anamórficos associados com *Mycosphaerella*, representados por *Pseudocrecospora* e *Stigmina*. Assim, uma nova combinação foi proposta no gênero *Pseudocrecospora* como um nome a ser conservado e, posteriormente, adotado.

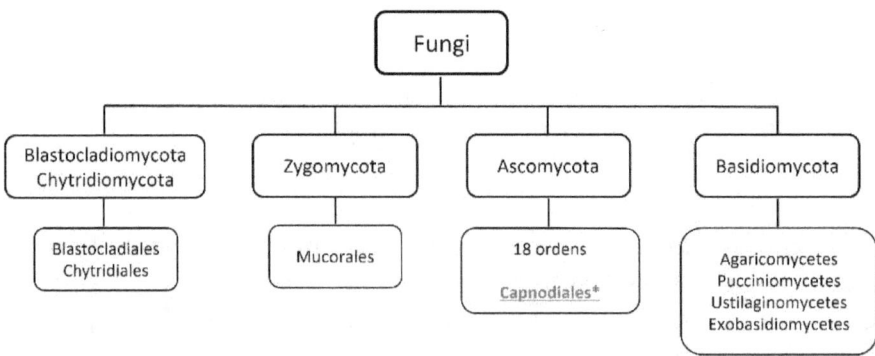

Figura 11. Posicionamento do fungo *Pseudocercospora griseola* dentro da ordem Capnodiales, do reino Fungi.

Sintomatologia

O sintoma nas vagens consiste em lesões marrom-avermelhadas de formato circular a elípticas, enquanto nas folhas o início é marcado pela presença de pequenas manchas marrons a cinzas que se tornam necróticas e angulares (Figura 12), delimitadas pelas nervuras (CROUS et al., 2006; REZENE et al., 2018). Isto é, a doença recebe este nome devido ao fato de que o desenho de lesão resultante forme ângulos (90°, 60°, etc...) a depender do ângulo de inserção de uma nervura em relação à outra responsável para a formação da área limítrofe da lesão no tecido foliar (Figura 13). As lesões são mais visíveis nos estádios finais da cultura, em que estas podem apresentar um halo amarelado, coalescimento e desfolha.

Figura 12. Mancha angular do feijoeiro: manchas marrons necróticas e angulares, isto é, delimitadas pelas nervuras, verificadas em plantas nos estádios finais da cultura.

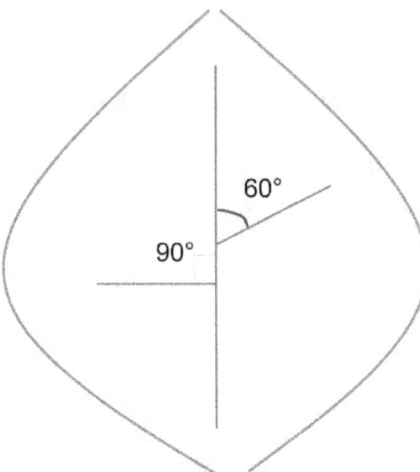

Figura 13. Esquema mostra formação de ângulos (90° e 60°) entre as nervuras limítrofes para a formação de uma lesão de mancha angular do feijoeiro no tecido foliar.

Epidemiologia
Condições climáticas: As condições ótimas para infecção incluem umidade e temperatura de 24°C. Nestas condições, os conídios podem germinar em cerca de 3 horas, penetrando as folhas através dos estômatos dentro de 2 dias. Em seguida, todo o tecido é colonizado pelo patógeno após 3 a 7 dias (LIEBENBERG & PRETORIUS, 1997; LIBRELON et al., 2022).

Disseminação: O fungo *Pseudocercospora griseola* pode ser transmitido através de sementes. Entretanto, a mais frequente fonte de inóculo primário sob condições naturais consiste na presença de restos culturais que contenha o patógeno (NAY et al., 2019). Os conídios também são espalhados pelo vento, em gotículas de água e implementos agrícolas (LIBRELON et al., 2022).

Sobrevivência: Uma grande grama de hospedeiros alternativos é observada para este patógeno: *Lablab niger, L. purpureus, Lathyryus odoratus, Macroptilium artropurpureum, Phaseolus acutifolius, P. aureus, P. coccineus, P. lunatus, P. pubescens, P. vulgaris, Vigna angularis, V. mungo, V. radiata, V. sinensis* e *V. unguiculata* (CROUS et al., 2006).

Controle

Erradicação: Grande parte das variedades apresentam resistência moderada, realidade que evidencia a necessidade do emprego conjunto de outras medidas de controle como a eliminação de hospedeiro alternativo e restos culturais.

Imunização: O controle da mancha angular do feijoeiro pelo emprego de cultivares resistentes é dificultado pela extensa diversidade de virulência de *Pseudocercospora griseola* e pelo aparecimento recorrente de novas raças virulentas. Em se tratando de melhoramento genético do feijoeiro visando a obtenção de resistência à mancha angular, cinco loci principais (Phg-1, Phg-2, Phg-3, Phg-4 e Phg-5) foram nomeados e, marcadores fortemente ligados a esses loci foram relatados. O genoma de referência do feijoeiro e novas tecnologias de sequenciamento tem permitido o desenvolvimento de marcadores moleculares intimamente ligados aos loci Phg. Neste contexto, NAY et al (2019) publicaram uma revisão para servir de referência para futuros estudos de mapeamento de resistência e seleção de loci de resistência. A obtenção de uma cultivar de feijoeiro com resistência à mancha angular é um tema bastante desafiador. PÁDUA et al. (2022), após avaliar a reação de 416 acessos de germoplasma a *P. griseola* (raça 63-63, a mais importante e agressiva raça) em condições de casa de vegetação, obteve 24,5% de acessos resistentes, dos quais pouco mais da metade era do grupo Carioca.

Terapia: Devido às circunstâncias apresentadas, o uso de fungicidas é prática recorrente no cultivo do feijoeiro comum. Segundo LIBRELON et al. (2022), no Brasil, 151 fungicidas comerciais estão registrados para o controle da mancha angular, dos quais pode-se citar os seguintes grupos químicos: benzimidazol, ditiocarbamato, grupos inorgânicos (cobre e estanho), estrobilurinas, triazóis, isoftalonitrila e algumas misturas.

Referências

CANPOLAT, S.; MADEN, S. Reactions of some common bean cultivars grown in Turkey against some isolates of angular leaf spot disease, caused by *Pseudocercospora griseola* (Sacc.) Crous & U. Braun. **Plant Protection Bulletin**, *v.60, n.2, p.45-54, 2020.* https://doi.org/10.16955/bitkorb.630968

CROUS, P.W.; LIEBENBERG, M.M.; BRAUN, U.; GROENEWALD, J.Z. Re-evaluating the taxonomic status of *Phaeoisariopsis griseola*, the causal agent of angular leaf spot of bean. **Studies in Mycology**, v.55, p.163-173, 2006. https://doi.org/10.3114/sim.55.1.163

GODOY, C.V.; ALMEIDA, A.M.R.; COSTAMILAN, L.M.; MEYER, M.C.; DIAS, W.P.; SEIXAS, C.D.S.; SOARES, R.M.; HENNING, A.A.; YORINORI, J.T.; FERREIRA, L.P.; SILVA, J.F.V. Doenças da Soja. In: AMORIM, L.; REZENDE. J.A.M.; BERGAMIN FILHO, A.; CAMARGO, L.E.A. **Manual de Fitopatologia: Doenças das plantas cultivadas.** vol. 2, 5. Ed. Ouro Fino: Agronômica Ceres, pp. 657-675. 2016.

LIBRELON, S.S.; PEREIRA, F.A.C.; PÁDUA, P.F.; PEREIRA, N.B.M.; GOMES, L.B.W.; PEREIRA, R.; PEREIRA, L.F.; POZZA, E.A.; SOUZA, E.A. *Pseudocercospora griseola*, the causal agent of common bean angular leaf spot: Strain characterization and sensitivity to fungicides. **Plant Pathology**, v.72, n.6, p.1-9, 2022. https://doi.org/10.1111/ppa.13556

LIEBENBERG, M.M.S.; PRETORIUS, Z.A. A review of angular leaf spot of common bean (*Phaseolus vulgaris* L.). **African Plant Protection**, v.3, n.2, p.81-106, 1997.

LUMBSCH, H.T.; HUHNDORF, S.M. Whatever happened to the pyrenomycetes and loculoascomycetes? **Mycological Research,** v.3, p.1064-1074, 2007. https://doi.org/10.1016/j.mycres.2007.04.004

NAY, M.M.; SOUZA, T.L.P.O.; RAATZ, B.; MUKANKUSI, C.M.; GONÇALVES-VIDIGAL, M.C.; ABREU, A.F.B.; MELO, L.C.; PASTOR-CORRALES, M.A. A review of angular leaf spot resistance in common bean. **Crop Science**, v.59, p.1376-1391,

2019. https://doi.org/10.2135/cropsci2018.09.0596

PÁDUA, P.F.; BARCELOS, Q.L.; PEREIRA, F.A.C.; GOMES, L.B.W.; SOUZA, E.A. Identification of sources of resistance to race 63-63 of *Pseudocercospora griseola* in common bean lines. **Crop Breeding and Applied Biotechnology**, v.22, n.1, e36982215, 2022. https://doi.org/10.1590/1984-70332022v22n1a05

REZENE, Y.; TESFAYE, K.; CLARE, M.; GEPTS, P. Pathotypes characterization and virulence diversity of *Pseudocercospora griseola* the causal agent of angular leaf spot disease collected from major common bean *(Phaseolus vulgaris L.)* growing areas of Ethiopia. **Journal of Plant Pathology and Microbiology**, v.9, n.8, 445, 2018. https://doi.org/10.4172/2157-7471.1000445

SILVA, K.J.D.E.; SOUZA, E.A.; SARTORATO, A.; SOUZA FREIRE, C.N. Pathogenic variability of isolates of *Pseudocercospora griseola*, the cause of common bean angular leaf spot, and its implications for resistance breeding. **Journal of Phytopathology**, v.156, n.10, p.602-606, 2008. https://doi.org/10.1111/j.1439-0434.2008.01413.x

STENGLEIN, S.A.; BALATTI, P.A. First report of angular leaf spot caused by *Phaeoisariopsis griseola* on *Phaseolus coccineus* in Argentina. **Plant Disease**, v.90, n.2, p.248, 2006. https://doi.org/10.1094/PD-90-0248B

8. Mofo branco - *Sclerotinia sclerotiorum*

Reino: Fungi
Filo: Ascomycota
Ordem: Helotiales
Família: Sclerotiniaceae

Etiologia
A ordem Helotiales é conhecida por apresentar os fungos que produzem escleródios e, a partir destes, os apotécios típicos da ordem. Os escleródios compreendem uma estrutura de resistência obtida a partir do adensamento de hifas (WILLETS, 1971). Estas estruturas auxiliam o fungo a sobreviverem no solo sob condições adversas tais como baixas temperaturas, dessecação, ataque microbiano e ausência prolongada de um hospedeiro (SMITH et al., 2015).

O fungo *Sclerotinia sclerotiorum* é um fungo homotálico, haplóide e que apresenta reprodução sexual e assexual através de estruturas de resistência denominadas escleródios (Figura 14). Na reprodução assexual, os escleródios possuem germinação miceliogênica (emissão de micélio vegetativo), enquanto na reprodução sexual, os escleródios vão apresentar germinação carpogência, produzindo apotécios (corpo de frutificação sexual), o qual possui as ascas contendo os ascósporos (ABÁN et al., 2021).

Os relatos da literatura de número de apotécios produzidos por escleródios são muito variáveis. Para se avaliar este aspecto, as condições precisam ser determinadas previamente, bem como o material a ser submetido à análise. O estudo conduzido por VENTUROSO et al. (2014) em laboratório, não só realizou uma separação entre diferentes situações (posição do escleródio: superficial x enterrado no solo) para avaliar a produção do número de apotécios por escleródios, como também separou os escleródios avaliados quanto ao peso, sendo estes classificados em seis classes: (C1) escleródios com massa inferior a 0,01 g, (C2) 0,01<0,02 g, (C3) 0,02<0,03 g, (C4) 0,03<0,04 g, (C5) 0,04<0,05 g e (C6) 0,05<0,06 g. Após os experimentos, os autores concluíram que os escleródios com maior massa e localizados na superfície do solo apresentaram maior número de apotécios por escleródio de *S. sclerotiorum*. Um outro dado interessante reporta que o apotécio pode produzir até 7,6 x 10^5 ascósporos no ar por uma hora durante um período de 20 dias (CLARKSON et al., 2003).

Quando obtidos da produção *in vitro* sob 12 horas de luz cada escleródio possui uma massa média de 16,9 mg (PEREIRA et al., 2016). A maioria dos fungos Helotiales possuem apotécios diminutos, geralmente inferior a 2 mm de diâmetro (HOSOYA, 2021). Entretanto, no caso de *S. sclerotiorum*, estes possuem de 4 a 10 mm de diâmetro (WENDLAND et al., 2016). Adicionalmente, os apotécios podem ser sésseis, de cor escura a brilhante e superficial ou eruptivo através da planta hospedeira. A forma geral dos apotécios é cupulado-discoide, em forma de funil ou clavado (KORF, 1973).

Os ascósporos são ejetados a partir das ascas localizadas no hymenium do apotécio. Cada asca possui 8 ascósporos sexuais, obtidos após plasmogamia de hifas compatíveis, cariogamia e meiose do dicárion formado. Os ascósporos são hialinos, binucleados, elipsóides e medem 4,0-6,0 x 9,0-14,0 µm (KOHN, 1979).

Figura 14. Mofo branco do feijoeiro: escleródios de *Sclerotinia sclerotiorum*, as estruturas que conferem resistência ao fungo.

Normalmente, são apontadas entre 8 e 10 famílias para esta ordem. Entretanto, em uma extensa revisão, HOSOYA (2021) relata a existência de 25 famílias, dentre as quais, Sclerotiniaceae é uma das mais importantes (Figura 15).

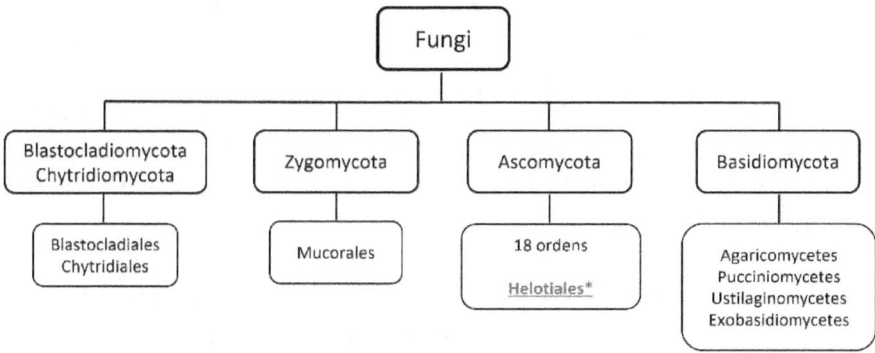

Figura 15. Posicionamento do fungo *Sclerotinia sclerotiorum* dentro da ordem Helotiales, do reino Fungi.

Sintomatologia

O mofo branco trata-se de uma doença de fácil detecção, caracterizada pela ocorrência de micélio branco, cotonoso e abundante sobre o tecido vegetal dos órgãos atacados, acompanhada pelo encharcamento desses tecidos. Posteriormente, as lesões secam e ocorre a formação de escleródios escuros e irregulares no formato, dentro e fora de hastes e vagens (STEADMAN & BOLAND, 2005; BOLTON et al., 2006). Ocorrendo apenas a germinação miceliogênica, a parte aérea das plantas também pode ser afetada quando do contato destas com solo exibindo crescimento micelial do fungo na superfície, como observado por MITSUEDA & CHARCHAR (1994). Não é comum o ataque direto do micélio de *S. sclerotiorum* nas folhas, exceto quando inoculado. Mesmo nesta situação, ocorre encharcamento e colonização do tecido foliar inoculado.

Epidemiologia
Condições climáticas: A produção de apotécios depende de condições ambientais tais como solo úmido e temperaturas amenas (16 a 24°C) (MILA & YANG, 2008). Epidemias de mofo branco coincidem com o florescimento. Isto ocorre porque as partes das flores senescentes servem como a fonte primária de nutrientes à medida que estas caem nas folhas, pecíolos ou caules. Além disso, o florescimento da cultura ocorre na época do fechamento do dossel e consequentemente, as fontes de nutrientes estão disponíveis durante um período em que as condições do ambiente são mais favoráveis para o crescimento do patógeno (BOLTON et al., 2006).

Disseminação: São várias as formas de disseminação da doença: sementes infectadas, escleródios misturados com sementes, solo infestado, água de irrigação e ascósporos levados pelo vento (STEADMAN & BOLAND, 2005).

Sobrevivência: Os escleródios introduzidos ou resultantes de uma epidemia de mofo branco vão contribuir para a infestação da área no longo prazo. Isto ocorre porque segundo ABÁN et al., (2020), estas estruturas de resistência de *S. scleotiorum* podem sobreviver no solo por até cinco anos ou mais tempo, tornando esta doença de difícil controle.

Controle

BOLTON, M.D.; THOMMA, B.P.H.J.; NELSON, B.D. *Sclerotinia sclerotiorum* (Lib.) de Bary: biology and molecular traits of a cosmopolitan pathogen. **Molecular Plant Pathology,** v.7, n.1, p.1-16, 2006. https://doi.org/10.1111/j.1364-3703.2005.00316.x

CARVALHO, D.D.C.; GERALDINE, A.M.; LOBO JUNIOR, M.; MELLO, S.C.M. Biological control of white mold by *Trichoderma harzianum* in common bean under field conditions. **Pesquisa Agropecuária Brasileira,** v.50, n.12, p.1220-1224, 2015. https://doi.org/10.1590/S0100-204X2015001200012

CARVALHO, D.D.C.; MELLO, S.C.M.; LOBO JÚNIOR, M.; GERALDINE, A.M. Biocontrol of seed pathogens and growth promotion of common bean seedlings by Trichoderma harzianum. **Pesquisa Agropecuária Brasileira,** v.46, n.8, p.822-828, 2011. https://doi.org/10.1590/S0100-204X2011000800006

CLARKSON, J.P.; STAVELEY, J.; PHELPS, K.; YOUNG, C.S.; WHIPPS, J.M. Ascospore release and survival in *Sclerotinia sclerotiorum*. **Mycological Research,** v.107, n.2, p.213-222, 2003. https://doi.org/10.1017/S0953756203007159

FERGUSON, L.M.; SHEW, B.B. Wheat straw mulch and its impacts on three soilborne pathogens of peanut in microplots. **Plant Disease,** v.85, p.661-667, 2001. https://doi.org/10.1094/PDIS.2001.85.6.661

FERRAZ, L.C.L.; CAFÉ FILHO, A.C.; NASSER, L.C.B.; AZEVEDO, J.A. Effects of soil moisture, organic matter and grass mulching on the carpogenic germination of sclerotia and infection of bean by *Sclerotinia sclerotiorum*. **Plant Pathology,** v.48, p.77-82, 1999. https://doi.org/10.1046/j.1365-3059.1999.00316.x

GORGEN, C.A.; SILVEIRA NETO, A.N.; CARNEIRO, L.C.; RAGAGNIN, V.; LOBO JUNIOR, M. Controle do mofo-branco com palhada e *Trichoderma harzianum* 1306 em soja. **Pesquisa Agropecuária Brasileira,** v.44, n.12, p.1583-1590, 2009.

https://doi.org/10.1590/S0100-204X2009001200004

HARMAN, G.E.; HOWELL, C.R.; VITERBO, A.; CHET, I.; LORITO, M. *Trichoderma* species - opportunistic, avirulent plant symbionts. **Nature Reviews Microbiology,** v.2, p.43-56, 2004. https://doi.org/10.1038/nrmicro797

HOSOYA, T. Systematics, ecology, and application of *Helotiales*: Recent progress and future perspectives for research with special emphasis on activities within Japan. **Mycoscience**, v.62, p. 1-9, 2021. https://doi.org/10.47371/mycosci.2020.05.002

KOHN, L.M. A monographic revision of the genus *Sclerotinia*. **Mycotaxon,** v.9, p.365-444, 1979.

KORF, R.P. Discomycetes and Tuberales. In: AINSWORTH, G.C.; SPARROW, F.K.; SUSSMAN, A.S. **The Fungi: an advanced treatise**. New York: Academic Press. pp.249-319, 1973.

LIMA, R.C.; TEIXEIRA, P.H.; SOUSA, L.R.V.; RODRIGUES, L.B.; CARNEIRO, J.E.S.; LEHNER, M.S.; PAULA JUNIOR, T.J.; VIEIRA, R.F. Integration of partial resistance, plant density and use of fungicide for management of white mould in common bean. **Plant Pathology**, v.68, p.481-491, 2019. https://doi.org/10.1111/ppa.12973

LOBO JUNIOR, M.; GERALDINE, A.M.; CARVALHO, D.D.C.; COBUCCI, T. **Uso de Cultivares de Feijão Comum com Arquitetura Ereta e Ciclo Precoce para Escape do Mofo Branco (*Sclerotinia sclerotiorum*).** Comunicado técnico 182. Santo Antônio de Goiás: Empresa Brasileira de Pesquisa Agropecuária. 2009, 4p.

MILA, A.L.; YANG, X.B. Effects of fluctuating soil temperature and water potential on sclerotia germination and apothecial production of *Sclerotinia sclerotiorum*. **Plant Disease,** v.92, p.78-82, 2008. https://doi.org/10.1094/PDIS-92-1-0078

MITSUEDA, T.; CHARCHAR, M.J.D.A. Modo de ocorrência do mofo-branco (*Sclerotinia sclerotiorum*) em feijoeiro irrigado na região dos cerrados. In: Centro de Pesquisa Agropecuária dos Cerrados. **Relatório técnico do projeto nipo-brasileiro de cooperação em pesquisa agrícola nos cerrados 1987/1992.** Planaltina: Embrapa/CPAC-JICA, pp.258-270, 1994.

PEREIRA, F.T.; MARQUES, M.G.; CARVALHO, D.D.C. Produção *in vitro* de escleródios de *Sclerotinia sclerotiorum* sob diferentes regimes de luz. **Revista Biociências,** v.22, n.1, p.56-60, 2016.

SMITH, M.E.; HENKEL, T.W.; ROLLINS, J.A. How many fungi make sclerotia?. **Fungal Ecology,** v.13, p. 211-220, 2015. https://doi.org/10.1016/j.funeco.2014.08.010

STEADMAN, J.R.; BOLAND, G. White mold. In: SCHWARTZ, H.F.; STEADMAN, J.R.; HALL, R.; FORSTER, R.L. **Compendium of bean diseases**. Saint Paul: American Phytopathological Society. pp.44-46, 2005.

VENTUROSO, L.R.; BACCHI, L.M.A.; GAVASSONI, W.L.; CONUS, L.A.; PONTIM, B.C.A. Relação de massa e localização do escleródio no solo com germinação carpogênica de *Sclerotinia sclerotiorum*. **Summa Phytopathologica,** v.40, n.1, p.29-33, 2014. https://doi.org/10.1590/S0100-54052014000100004

WENDLAND, A.; MOREIRA, A.S.; BIANCHINI, A.; GIAMPAN, J.S.; LOBO JUNIOR, M. Doenças do Feijoeiro. In: AMORIM, L.; REZENDE. J.A.M.; BERGAMIN FILHO, A.; CAMARGO, L.E.A. **Manual de Fitopatologia: Doenças das plantas cultivadas**. vol.2, 5.Ed. Ouro Fino: Agronômica Ceres, pp.383-396, 2016.

WILLETTS, H.J. Survival of fungal sclerotia under adverse environmental conditions. Biological Reviews of the Cambridge. **Philosophical Society**, v.46, n.3, p.387-407, 1971.

Doenças do Feijoeiro, 2022.

9. Oídio - *Erysiphe polygoni*

Reino: Fungi
Filo: Ascomycota
Ordem: Erysiphales
Família: Erysiphaceae

Etiologia
Esta ordem abriga aqueles fungos conhecidos como os Oídios. Uma das mais comuns doenças em várias culturas, desde hortaliças, grandes culturas, fruteiras e, até espécies florestais. Os indivíduos da ordem Erysiphales são parasitas biotróficos, isto é, necessitam do hospedeiro vivo para se multiplicarem. O mecanismo de parasitismo é caracterizado pela colonização superficial do tecido vegetal. Inicialmente ocorre a emissão de um tubo germinativo a partir do conídio, o qual se alonga para produzir em sua extremidade uma estrutura especializada denominada apressório (VIELBA-FERNÁNDEZ et al., 2020). O apressório possibilita ao fungo penetrar a cutícula e a parede celular das células da epiderme foliar vegetal. Interessante que o fungo deixa intacta a membrana plasmática da célula do hospedeiro (EICHMANN & HÜCKELHOVEN, 2008).

Por se tratar de uma ordem do Filo Ascomycota, a questão da dupla nomenclatura está presente. Para exemplificar, podemos citar os gêneros *Erysiphe*, *Uncinula*, *Microsphaera*, *Podosphaera* e *Sphaerotheca*, todos teleomorfos e que produzem em suas fases anamórficas, conídios assexuais do gênero *Oidium*.

A fase teleomórfica dos fungos desta ordem é caracterizada pela produção de ascomas sexuais esféricos do tipo cleistotécio, encontrados na superfície do hospedeiro geralmente durante o outono e o inverno. É possível a diferenciação morfológica dos gêneros teleomórficos baseando-se no número de ascos por cleistotécio e o tipo de apêndice formado. Os gêneros *Sphaerotheca* e *Podosphaera* produzem apenas um asco por cleistotécio.

Na fase anamórfica, os conídios da ordem *Erysiphales* são

produzidos em cadeias, de forma basipetal, isto é, o conídio mais jovem se posiciona na base do conidióforo. Assim, os conídios produzidos correspondem ao anamorfo *Oidium*, os quais são unicelulares, hialinos, formato ovoide a cilíndricos e, produzidos a partir de conidióforos curtos e não ramificados (MASSOLA JUNIOR, 2018). Quanto as dimensões do anamorfo, quando este encontrado em feijoeiro, DENG et al. (2022) reportou as seguintes medidas: conidióforos cilíndricos e eretos medindo 44,2-76,0 x 8,0-10,3 µm e conídios elípticos a ovoide medindo 25,4-35,8 x 13,5-19,8 µm.

Segundo CAMPA & FERREIRA (2017), há controvérsia quanto ao agente causal do oídio do feijoeiro, o qual tem sido atribuído frequentemente ao fungo *Erysiphe polygoni* (SCHWARTZ et al., 2005), ao passo que alguns estudos sugerem que o agente causal estaria mais próximo de *Erysiphe diffusa*. Em outras palavras, em estudos filogenéticos, ao analisar sequências ITS do DNA ribossomal nuclear (nrDNA), ALMEIDA et al., (2008) encontraram que *Erysiphe* sp. obtido de plantas de feijoeiro no Brasil (isolado EB2004, acesso no Genbank AY739109) apresentou relação genética mais próxima com *Erysiphe diffusa*. O fungo *Erysiphe* corresponde à fase teleomórfica do Filo Ascomycota (Figura 16).

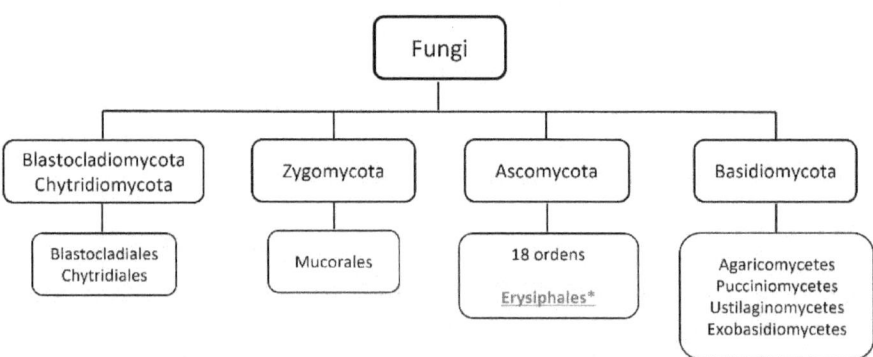

Figura 16. Posicionamento do fungo *Erysiphe polygoni* dentro da ordem Erysiphales, do reino Fungi.

Sintomatologia
Os sintomas iniciais aparecem como pequenas manchas brancas

semelhantes a talco na superfície adaxial das folhas (MURUBE et al., 2017), como pode ser visto na figura 17. O auge dos sintomas se caracteriza pela presença mais forte de uma massa branca pulverulenta na face adaxial das folhas, as quais se expandem e se fundem para formar uma camada que cobre toda a superfície da folha (TRABANCO et al., 2012; DENG et al., 2022). As folhas infectadas gradualmente se curvam para baixo, mudam de cor do amarelo pálido para marrom e, finalmente, ocorre a abscisão da folha. Além disso, a presença do micélio branco de oídio na superfície foliar provoca a redução da taxa fotossintética (XAVIER et al., 2015).

Figura 17. Oídio: folhas de *Vigna unguiculata* exibindo os sintomas iniciais do oídio, caracterizados pelo aparecimento de pequenas manchas brancas semelhantes a talco na superfície adaxial das folhas.

Epidemiologia
Condições climáticas: A distribuição geográfica desta doença está aumentando rapidamente em diferentes partes do mundo, afetando

grandes áreas. Essa expansão tem sido relacionada às mudanças no clima global, uma vez que as populações desse patógeno evoluem rapidamente, apresentando uma alta taxa de variação devido à coexistência de estágios sexuais e assexuais do fungo, bem como a alta capacidade de dispersão (CAMPA & FERREIRA, 2017). Essas características em particular, fazem do oídio, um modelo útil para o estudo dos efeitos das mudanças climáticas sobre as doenças de plantas (GLAWE, 2008). Os danos provocados por esta doença são significativos principalmente se o fungo ocorrer antes da floração sob o ambiente de temperaturas de 20 a 24°C, alta umidade e ambiente sombreado (SCHWARTZ et al., 2005).

Disseminação: Por se tratar de uma doença que é transmitida pelo ar, a identificação consiste em etapa crítica para prevenção eficaz da propagação, bem como minimizar as perdas significativas de rendimento e qualidade das sementes e grãos produzidos (BINAGWA et al., 2021).

Sobrevivência: Atenção deve ser dada as algumas espécies do gênero *Vigna*, mais especificamente *V. unguiculata* e *V. radiata*, por serem hospedeiros do oídio (DENG et al., 2022).

Controle
Evasão: Várias estratégias são utilizadas para controlar o oídio, incluindo o ajuste da data de plantio objetivando sincronizar a cultura com períodos de máxima exposição solar (BINAGWA et al., 2021).

Imunização: O desenvolvimento de variedades de feijão resistentes é apontada como uma das mais econômica, eficiente e ecológica medida para o manejo do oídio (TRABANCO et al., 2012; MURUBE et al., 2017). Em se tratando da identificação de genoma selvagem de feijoeiro como fonte de resistência ao oídio, BINAGWA et al. (2021) sugerem que a resistência ao agente causal do oídio do feijoeiro envolve uma rede de muitos genes constitutivamente co-expressos.

Terapia: Outra medida consiste na aplicação de fungicidas

(BINAGWA et al., 2021).

Referências

ALMEIDA, A.M.R.; BINNECK, E.; PIUGA, F.F.; MARIN, S.R.R.; RIBEIRO DO VALLE, P.R.Z.; SILVEIRA, C.A. Characterization of powdery mildews strains from soybean, bean, sunflower and weeds in Brazil using rDNA-ITS sequences. **Tropical Plant Pathology,** v.33, n.1, p.20-26, 2008. https://doi.org/10.1590/S1982-56762008000100004

BINAGWA, P.H.; TRAORE, S.M.; EGNIN, M.; BERNARD, G.C.; RITTE, I.; MORTLEY, D.; KAMFWA, K.; HE, G.; BONSI, C. Genome-Wide identification of powdery mildew resistance in common bean (*Phaseolus vulgaris* L.). **Frontiers in Genetics,** v.12, 673069, 2021. https://doi.org/10.3389/fgene.2021.673069

CAMPA, A.; FERREIRA, J.J. Gene coding for an elongation factor is involved in resistance against powdery mildew in common bean. **Theoretical and Applied Genetics,** v.130, p.849-860, 2017. https://doi.org/10.1007/s00122-017-2864-x

DENG, D.; SUN, S.; WU, W.; DUAN, C.; WANG, Z.; ZHANG, S.; ZHU, Z. Identification of causal agent inciting powdery mildew on common bean and screening of resistance cultivars. **Plants,** v.11, 874, 2022. https://doi.org/10.3390/plants11070874

EICHMANN, R.; HÜCKELHOVEN, R. Accommodation of powdery mildew fungi in intact plant cells. **Journal of Plant Physiology,** v.165, p.5-18, 2008. https://doi.org/10.1016/j.jplph.2007.05.004

GLAWE, D.A. The powdery mildews. A review of the world's most familiar (yet poorly known) plant pathogens. **Annual Review of Phytopathology,** v.46, p.27-51, 2008. https://doi.org/10.1146/annurev.phyto.46.081407.104740

MASSOLA JÚNIOR, N.S. Fungos fitopatogênicos. In: AMORIM, L.; REZENDE, J.A.M.; BERGAMIN FILHO, A. **Manual de**

Fitopatologia: princípios e conceitos. vol.1, 5.Ed. Ouro Fino: Agronômica Ceres, pp.107-142, 2018.

MURUBE, E.; CAMPA, A.; FERREIRA, J.J. Identification of new resistance sources to powdery mildew, and the genetic characterisation of resistance in three common bean genotypes. **Crop and Pasture Science,** v.68, p.1006-1012, 2017. https://doi.org/10.1071/CP16460

SCHWARTZ, H.; STEDMAN, J.; HALL, R.; FORSTER, R. **Compendium of bean diseases.** 2nd Edition. American Phytopathological Society. 2005. 109p.

TRABANCO, N.; PÉREZ-VEJA, E.; CAMPA, A.; RUBIALES, D.; FERREIRA, J.J. Genetic resistance to powdery mildew in common bean. **Euphytica,** v.186, p.875-882, 2012. https://doi.org/10.1007/s10681-012-0663-7

VIELBA-FERNÁNDEZ, A.; POLONIO, A.; RUIZ-JIMÉNEZ, L.; VICENTE, A.; PÉREZ-GARCÍA, A.; FERNÁNDEZ-ORTUÑO, D. Fungicide Resistance in Powdery Mildew Fungi. **Microorganisms**, v.8, 1431, 2020. https://doi.org/10.3390/microorganisms8091431

XAVIER, S.A.; MELLO, F.E.; CANTERI, M.G.; GODOY, C.V. Fotossíntese de folhas de soja infectadas por *Corynespora cassiicola* e *Erysiphe diffusa*. **Summa Phytopathologica,** v.41, n.2, p.156-159, 2015. https://doi.org/10.1590/0100-5405/1923

10. Murcha de fusarium - *Fusarium oxysporum* f. sp. *phaseoli*

Reino: Fungi
Filo: Ascomycota
Ordem: Hypocreales
Família: Nectriaceae

Etiologia
Hypocreales é uma das mais importantes ordens do Filo Ascomycota, pois esta abriga os fungos das famílias Nectriaceae e Clavicipitaceae. Os peritécios são produzidos sobre ou imersos em estromas. Os teleomorfos mais conhecidos são *Haematonectria*, *Nectria*, *Giberella* e *Calonectria*. Dentre estes, atenção especial é dada ao gênero *Giberella*, o qual possui como anamorfo espécies do gênero *Fusarium*, que são causadores de murchas vasculares (CARVALHO et al., 2015) e veiculados como patógenos em sementes (CARVALHO et al., 2011), atacando plântulas (TOLÊDO-SOUZA et al., 2009) e como produtores de micotoxinas.

Com relação aos caracteres morfoculturais, as colônias apresentam borda branca e centro de cor violeta ou púrpura, com macroconídios de comprimento curto a médio, falciformes a quase retos, paredes finas e 3 septos e, microconídios sem septos, de formato oval ou reniforme, formados em falsas cabeças em monofiálides curtas (PAULINO et al., 2022).

Existe uma grande variação na morfologia de colônias de *F. oxysporum* quando cultivados em meio Batata-dextrose-ágar (BDA), sendo estes muito difíceis de serem distinguidos de *F. solani* e *F. subglutinans* (LESLIE & SUMMEREL, 2006). Portanto, é indispensável que além da caracterização morfológica, a identificação molecular também seja feita.

A fase teleomórfica para o fungo *Fusarium oxysporum* (Figura 18) corresponde ao gênero *Giberella*, que dificilmente ocorre no campo associado às lesões e tecidos infectados. É importante comentar também sobre o termo *formae specialis*, o qual se refere à fisiologia do fungo quanto à sua patogenicidade, isto é, especialização em um hospedeiro específico, no presente caso, a planta do feijoeiro, pertencente ao gênero *Phaseolus* sp.

Como o fungo *F. oxysporum* apresenta um alto grau de especificidade de hospedeiro, a avaliação de seu agrupamento em *formae specialis* é feita mediante testes de patogenicidade. Como esses ensaios nem sempre são conclusivos, técnicas moleculares tem sido utilizadas para auxiliar nessa tarefa, bem como analisar a diversidade genética de populações (CRUZ et al., 2018). Para exemplificar, pode-se citar o sequenciamento utilizando-se o fator de alongamento da tradução 1-alfa (TEF-1α), o qual é muito preciso e informativo em nível de espécie para identificação de *Fusarium* (O'DONNELL et al., 2015). Em estudo conduzido por PAULINO et al. (2022), o complexo *Fusarium oxysporum* f. sp. *phaseoli* foi caracterizado por diversas ferramentas, empregando sequências do TEF-1α, beta-tubulina (TUB2), RNA polimerase II e calmodulina (CAL). Os resultados mostraram que os isolados representativos de *F. oxysporum* f. sp. *phaseoli* foram mais agressivos e compreendem um grupo monofilético separado do complexo *F. oxysporum* previamente relatado, o qual incluiu outras espécies de menor severidade tais como *F. nirenbergiae* e *F. fabacearum*.

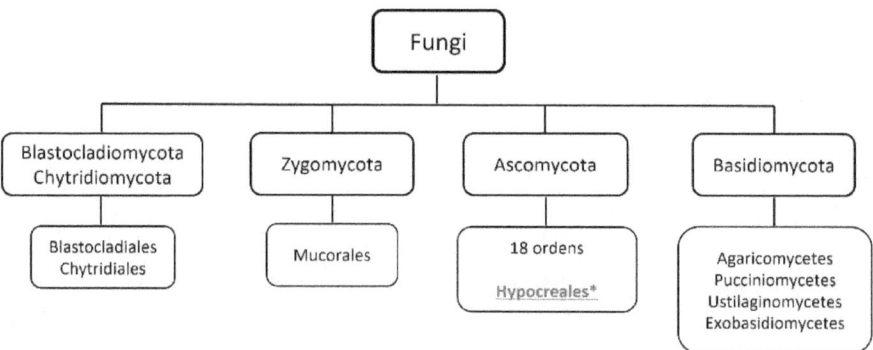

Figura 18. Posicionamento do fungo *Fusarium oxysporum* f. sp. *phaseoli*, dentro da ordem Hypocreales, do reino Fungi.

Sintomatologia
Após entrada do patógeno pelo sistema radicular, as infecções causam amarelecimento e murcha nas plantas (Figura 19),

especialmente nos estágios de floração e enchimento de vagens, a murcha é irreversível e as plantas podem eventualmente morrer prematuramente (CARVALHO et al., 2015). Os sintomas nas folhas são caracterizados basicamente pela descoloração do tecido vascular que leva à necrose foliar e desfolha prematura (FARIAS NETO et al. 2006). Dentre outros sintomas são relatados a perda de turgescência, a partir das folhas inferiores, a qual pode se manifestar em apenas um lado da planta hospedeira (SCHWARTZ et al. 2005). Quando colonizado o tecido vascular adquire coloração pardo avermelhada e pode ser visto facilmente após um corte em bisel.

Figura 19. Murcha de fusarium do feijoeiro: plantas de feijoeiro exibindo sintomas de amarelecimento e murcha.

Epidemiologia
Condições climáticas: A murcha de fusarium pode aparecer inicialmente em pequenos focos isolados e, após várias estações, espalhar-se por toda a área (ABAWI & PASTOR-CORRALES, 1990). A doença é favorecida por temperaturas amenas e alta umidade do solo (CARVALHO et al., 2015). A umidade no solo é

importante para sua sobrevivência, pois o fungo sobrevive como saprófita no solo ou em restos de plantas na forma de calmidósporos resistentes, os quais sobrevivem por muito tempo no solo e na ausência de uma planta hospedeira (CRUZ et al., 2018). Uma vez que o agente causal reside no solo, a penetração ocorre via sistema radicular e, uma vez que a planta é colonizada, o patógeno pode chegar as sementes.

Disseminação: As sementes são importantes veículos de agentes fitopatogênicos, os quais podem provocar redução, tanto na germinação quanto no vigor das plântulas (CARVALHO et al., 2011).

Sobrevivência: As estruturas do patógeno presente nas sementes permanecem viáveis durante o período de armazenamento e constituem o inóculo primário para o desenvolvimento de epidemias (SILVA et al., 2008). Deste modo, a infeção pode ocorrer mesmo na fase de plântula, prejudicando o desenvolvimento e acarretando o aparecimento de plântulas anormais (CARVALHO et al., 2011). O fungo *F. oxuysporum* pode também sobreviver no solo na forma de clamidósporos.

Controle
Exclusão: Atenção deve ser dispensada às sementes, sendo recomendada a exclusão de sementes contaminadas.

Erradicação: Na área de controle biológico, pesquisas tem mostrado resultados promissores, tanto no tratamento de sementes com cepas de *Trichoderma* (CARVALHO et al., 2014), quanto na aplicação via solo (CARVALHO et al., 2015). O manejo bem sucedido da murcha de fusarium, levando a redução da perda de rendimento em campos comerciais, empregando-se isolados competitivos de *Trichoderma* tem sido relatado em algumas pesquisas (SHALI et al., 2010).

Imunização: A doença é de difícil controle, mas existem algumas estratégias de manejo eficazes (HALL & NASSER, 1996). O emprego de cultivar resistente tem se mostrado um método eficiente para o controle da murcha de fusarium (CARNEIRO et al. 2010). Para exemplificar, pode-se citar a cultivar de feijão preto IAC Netuno, relatada como resistente a murcha de fusarium. Esta cultivar possui alto potencial produtivo de grãos 2968,20 kg ha^{-1}, sendo uma planta de porte ereto e hábito de crescimento indeterminado Tipo II, ciclo de 90 dias e recomendada para safras no estado de São Paulo (CHIORATO et al., 2020)

Terapia: Os fungicidas químicos são ineficazes e não são recomendados para murchas vasculares (exceto para o tratamento de sementes), visto que estas substâncias não impedem a infecção da raiz e a colonização do floema pelo patógeno (CARVALHO et al., 2015). Assim, atenção deve ser dada às sementes, pois o uso de sementes sadias e tratadas é uma das recomendações para conter a transmissão de doenças via sementes, além de contribuir para uma maior densidade de plantas na lavoura (CORRÊA et al., 2008).

Referências
ABAWI, G.S.; PASTOR-CORRALES, M.A. **Root rots of beans in Latin America and Africa: Diagnosis, research methodologies, and management strategies.** Centro Internacional de Agricultura Tropical (CIAT), Cali, 1990. 114p.

CARNEIRO, F.F.; RAMALHO, M.A.P.; PEREIRA, M.J.Z. *Fusarium oxysporum* f. sp. *phaseoli* and *Meloidogyne incognita* interaction in common bean. **Crop Breeding and Applied Biotechnology,** v.10, n.3, p.271-274, 2010. https://doi.org/10.1590/S1984-70332010000300014

CARVALHO, D.D.C.; LOBO JUNIOR, M.; MARTINS, I.; INGLIS, P.W.; MELLO, S.C.M. Biological control of *Fusarium oxysporum* f. sp. *phaseoli* by *Trichoderma harzianum* and its use for common bean seed treatment. **Tropical Plant Pathology,** v.39, n.5, p.384-391, 2014. https://doi.org/10.1590/S1982-67620140005000005

CARVALHO, D.D.C.; MELLO, S.C.M.; LOBO JÚNIOR. M.; SILVA, M.C. Controle de *Fusarium oxysporum* f.sp. *phaseoli in vitro* e em sementes, e promoção do crescimento inicial do feijoeiro comum por *Trichoderma harzianum*. **Tropical Plant Pathology,** v.36, n.1, p.028-034, 2011. https://doi.org/10.1590/S1982-56762011000100004

CARVALHO, D.D.C.; MELLO, S.C.M.; MARTINS, I.; LOBO JUNIOR. M. Biological control of Fusarium wilt on common beans by in-furrow application of *Trichoderma harzianum*. **Tropical Plant Pathology,** v.40, p.375-381, 2015. https://doi.org/10.1007/s40858-015-0057-1

CHIORATO, A.F.; CARBONELL, S.A.M.; BEZERRA, L.M.P.; SILVA, D.A.; GONÇALVES, J.G.R.; BENCHIMOL-REIS, L.L.; CARVALHO, C.R.L.; ESTEVES, J.A.F.; SANTOS, N.C.B.; BARROS, V.N.P. IAC Netuno: A new black bean cultivar resistant to anthracnose and Fusarium wilt. **Crop Breeding and Applied Biotechnology,** v.20, n.3, e20442033, 2020. https://doi.org/10.1590/1984-70332020v20n3c37

CORRÊA, B.O.; MOURA, A.B.; DENARDIN, N.D.; SOARES, V.N.; SCHÄFER, J.T.; LUDWIG, J. Influência da microbiolização de sementes de feijão sobre a transmissão de *Colletotrichum lindemuthianum* Sacc. & Magn. **Revista Brasileira de Sementes,** v.30, p.156-163, 2008. https://doi.org/10.1590/S0101-31222008000200019

CRUZ, A.F.; SILVA, L.F.; SOUSA, T.V.; NICOLI, A.; PAULA JUNIOR, T.J.; CAIXETA, E.T.; ZAMBOLIM, L. Molecular diversity in *Fusarium oxysporum* isolates from common bean fields in Brazil. **European Journal of Plant Pathology,** v.152, p.343-354, 2018. https://doi.org/10.1007/s10658-018-1479-7

FARIAS NETO, A.L.; HARTMAN, G.L.; PEDERSEN, W.L.; LI, S.; BOLLERO, G.A.; DIERS, B.W. Irrigation and inoculation treatments that increase the severity of soybean sudden death syndrome in the field. **Crop Science,** v.46, n.6, p.2547-2554, 2006. https://doi.org/10.2135/cropsci2006.02.0129

HALL, R.; NASSER, L.C.B. Practice and precept in cultural management of bean diseases. **Canadian Journal of Plant Disease,** v.18, p.176-185, 1996. https://doi.org/10.1080/07060669609500643

O'DONNELL, K.; WARD, T.J.; ROBERT, V.A.R.G.; CROUS, P.W.; GEISER, D.M.; KANG, S. DNA sequence-based identification of Fusarium: Current status and future directions. **Phytoparasitica,** v.43, n.5, p.583-595, 2015. https://doi.org/10.1007/s12600-015-0484-z

PAULINO, J.F.C.; ALMEIDA, C.P.; BARBOSA, C.C.F.; GONÇALVES, G.M.C.; BUENO, C.J.; HARAKAVA, R.; CARBONELL, S.A.M.; CHIORATO, A.F.; BENCHIMOL-REIS, L.L. Molecular and pathogenicity characterization of *Fusarium oxysporum* species complex associated with Fusarium wilt of common bean in Brazil. **Tropical Plant Pathology,** v.47, p.485-494, 2022. https://doi.org/10.1007/s40858-022-00502-3

SCHWARTZ, H.; STEDMAN, J.; HALL, R.; FORSTER, R. **Compendium of bean diseases.** 2nd Edition. American Phytopathological Society. 2005. 109p.

SHALI, A.; GHASEMI, S.; AHMADIAN, G.; RANJBAR, G.; DEHESTANI, A.; KHALESI, N.; MOTALLEBI, E.; VAHED, M. *Bacillus pumilus* SG2 chitinases induced and regulated by chitin, show inhibitory activity Against *Fusarium graminearum* and *Bipolaris sorokiniana*. **Phytoparasitica,** v.38, p.141-147, 2010. https://doi.org/10.1007/s12600-009-0078-8

SILVA, G.C.; GOMES, D.P.; KRONKA, A.Z.; MORAES, M.H. Qualidade fisiológica e sanitária de sementes de feijoeiro (*Phaseolus vulgaris* L.) provenientes do estado de Goiás. **Semina Ciências Agrárias,** v.29, p.29-34, 2008.

TOLÊDO-SOUZA, E.D.; LOBO JÚNIOR, M.; SILVEIRA, P.M.; CAFÉ FILHO, A.C. Interações entre *Fusarium solani* f. sp. *phaseoli* e *Rhizoctonia solani* na severidade da podridão radicular do feijoeiro. **Pesquisa Agropecuária Tropical,** v.39, n.1, p.13-17, 2009.

11. Nematoide das galhas - *Meloidogyne* spp.

Reino: Animalia
Filo: Nematoda
Classe: Chromadorea
Superfamília: Tylenchoidea
Família: Meloidogynidae

Etiologia

A sistemática de nematoides passou por sucessivas modificações ao longo do tempo, principalmente ante ao emprego de técnicas moleculares para o reconhecimento de importantes espécies de fitonematóides. A partir de 1998 o grupo de pesquisa de Mark Blaxter propôs ampla revisão na sistemática de nematoides principalmente fomentado pelos avanços filogenéticos proporcionados na época. Assim, pequenas proposições foram sendo realizadas por alguns autores, até que em 2006 esse movimento resultou em um modelo atualmente aceito, que foi o proposto por DECRAEMER & HUNT (2006).

Em se tratando da morfologia de *Meloidogyne*, padrões específicos da região perineal de fêmeas foi empregado para a identificação de espécies do gênero. Entretanto, tal método apresentava certo grau de subjetividade e falta de precisão (FERRAZ & BROWN, 2016). Adicionalmente, métodos bioquímicos e moleculares são recomendados como ferramentas auxiliares para a identificação de espécies de *Meloidogyne*. Para exemplificar, podemos citar o trabalho de SILVA et al. (2021), que ao analisar *M. enterolobii* ocorrente em feijoeiro, verificou que as análises da configuração perineal não foram conclusivas. A identificação foi possível por meio de eletroforese de isoenzimas, isto é, fenótipos esterase e malato desidrogenase.

A fêmea de *Meloidogyne* difere do macho por esta possuir formato de pêra e pelas suas dimensões que são 0,4-1,3 mm de comprimento por 0,27-0,75 mm de largura (AGRIOS, 2006).

Dentro da sistemática proposta por DECRAEMER & HUNT

(2006), a superfamília Tylenchoidea foi a que abrigou uma grande gama de nematoides economicamente importantes, a exemplo de *Pratylenchus* e *Heterodera*, que pertencem às famílias Pratylenchidae e Heteroderidade, respectivamente e, *Meloidogyne*, pertencente a família Meloidogynidae (Figura 20).

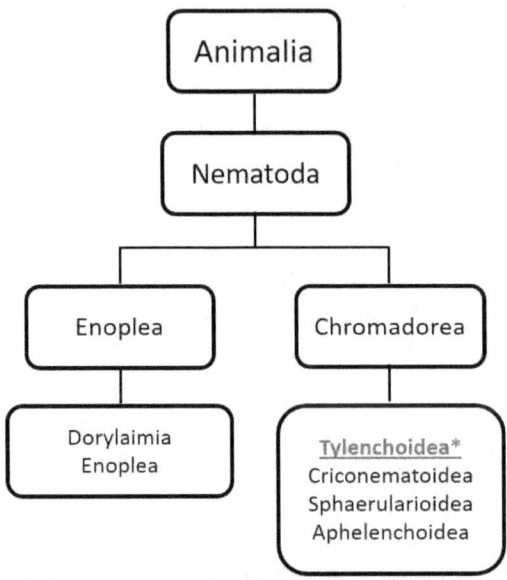

Figura 20. Posicionamento do gênero *Meloidogyne* sp. dentro da sistemática proposta por DECRAEMER & HUNT (2006), evidenciando as superfamílias dentro da classe Chormadorea, dentre elas, a superfamília Tylenchoidea, à qual pertence.

Sintomatologia
No caso dos nematoides formadores de galhas (Figura 21), atenção é dada ao comprometimento do sistema radicular pela formação de células gigantes, isto é, as células do hospedeiro ficam hipertrofiadas e se tornam multinucleadas (sintomas histológicos) (FERRAZ & BROWN, 2016). Tais danos à raiz, causado pelo nematóide, afetam a absorção de água e nutrientes. Como consequência disso, os sintomas reflexos incluem o crescimento reduzido, folhas pequenas e amarelas, comprometendo a produção (SANTOS et al., 2012).

Figura 21. Nematoide das galhas do feijoeiro: sintoma direto (galhas) caracterizado pelo engrossamento, de diâmetro variável, das raízes.

Epidemiologia

Segundo JONES et al. (2013), o gênero *Meloidogyne* é composto por 98 espécies parasitas de plantas. O ciclo de vida do *Meloidogyne* inclui seis estádios de desenvolvimento: ovo, quatro estádios juvenis (J1-J4) e adulto, sendo o único estádio infectivo o J2 (GINÉ et al., 2021). Fundamentalmente, as fêmeas desse gênero depositam ovos em massas gelatinosas. Em seguida, os juvenis do primeiro estádio (J1) se desenvolve ainda dentro do ovo. Interessante notar que a primeira ecdise ocorre ainda dentro do ovo, do qual emergem já como juvenis do segundo estádio (J2). As três ecdises subsequentes ocorrem quando do avanço entre os estádios, conforme mostra a figura 22.

No estádio J2, os juvenis já estrão aptos a penetrar o sistema radicular das plantas hospedeiras e se alimentar, provocando a formação de galhas nas raízes. Isso ocorre porque o parasitismo de

Meloidogyne leva a formação de células "gigantes" (células sofrem hipertrofia e hiperplasia), que irão prover o sustento ao juvenil, o qual trata-se de uma fêmea da espécie. A fêmea torna-se sedentária, sofre alterações morfológicas e adquire, como consequência do seu processo como parasita, distensão do seu corpo em forma de pêra (CHITWOOD & PERRY, 2009). As mais comuns, frequentes e prejudiciais espécies de namtóide das galhas em feijão comum são *Meloidogyne incognita* e *Meloidogyne javanica* (FREIRE & FERRAZ 1977).

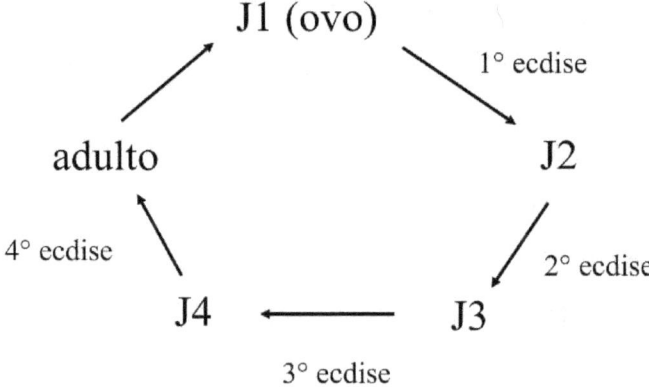

Figura 22. Esquema geral do ciclo de vida do gênero *Meloidogyne* sp., evidenciando a existência de uma ecdise entre cada um dos estádios.

Condições climáticas: A duração do ciclo de vida do *Meloidogyne* é influenciada, pela temperatura do solo, que é o principal fator abiótico que determina a taxa de desenvolvimento do nematóide. Em *Phaseolus vulgaris* cv. Enana Nassau, GUINÉ et al. (2021), verificaram um número de dias menor (29 dias) para *Meloidogyne incognita* completar o ciclo de vida desde inoculação até a emergência do J2 quando a temperatura média do solo ficou em torno de 27,5°C. Em temperaturas menores o número de dias aumentou. Vale ressaltar aqui que umidade e aeração do solo também são outros fatores abióticos muito influentes no ciclo de vida de nematóides.

Disseminação: Outro aspecto que influencia epidemiologias consiste na localização e disseminação de nematóides, os quais ocorrem em maior abundância nos 15 a 30 cm superiores do solo. Entretanto, a distribuição em uma área cultivada é geralmente irregular. A distância total percorrida por um nematóide provavelmente não excede alguns metros por estação de cultivo (AGRIOS, 2005). Esse fato evidencia a importância de equipamentos relacionados ao revolvimento e arraste do solo na disseminação de nematóides para distâncias maiores dentro das áreas de plantio. Além de equipamento agrícola, a irrigação, inundação ou drenagem também espalham nematóides nas glebas de plantio.

Sobrevivência: A principal estratégia de sobrevivência de *Meloidogyne* é infectando as diversas culturas que esta acomete, como soja e feijoeiro. Condições ótimas de temperatura (23 a 30°C) para eclosão, desenvolvimento e reprodução, permite que o nematoide complete de quatro a cinco gerações dentro de um ciclo de cultivo dessas culturas (90 a 120 dias) (FERRAZ & BROWN, 2016).

Controle
O controle de nematóides é considerado prática difícil na agricultura, principalmente porque aplicações de nematicidas químicos se apresentam muitas das vezes onerosos e agressivos ao meio ambiente (NUNES et al., 2010).

Evasão: Áreas contaminadas e com grande densidade populacional devem ser evitadas.

Erradicação: Uma prática de manejo consiste na rotação de culturas, pois esta inibe a reprodução do nematóide. Entretanto, a rotação é considerada ineficiente ou limitada pela escassez de materiais resistentes e com boas características agronômicas (FERREIRA et al., 2012; FERNANDES et al., 2013).

Imunização: Em se tratando do manejo de doenças de plantas, o emprego de cultivares resistentes e/ou tolerantes é considerada uma medida menos onerosa e mais eficiente quando do cultivo em áreas contaminadas. A resistência de *Phaseolus vulgaris* às duas principais espécies de *Meloidogyne* indicam a existência de acessos como possíveis fontes de resistência em programas de melhoramento, como foi reportado para *M. javanica* (SANTOS et al., 2017) e para *M. incognita* (PEDROSA et al., 2000). Encontrar fontes de resistência tem sido um desafio. Para exemplificar, pode-se citar o estudo conduzido por COSTA et al. (2019), em que avaliando 26 genótipos, todos foram suscetíveis a *M. incognita,* e apenas quatro foram moderadamente resistentes, quando avaliado o índice de reprodução de *M. javanica*.

Referências

AGRIOS, G.N. **Plant Pathology.** 5th ed. San Diego: Academic Press, 2005, 922p.

CHITWOOD, D.; PERRY, R. N. Reproduction, physiology and biochemistry. In: PERRY, R. N.; MOENS, M.; STARR, J. **Root-knot nematodes.** Wallingford: CABI, pp.182-200, 2009.

COSTA, J.P.G.; SOARES, P. L.M.; VIDAL, R.L.; NASCIMENTO, D.D.; FERREIRA, R.J. Reaction of common bean genotypes to the reproduction of *Meloidogyne javanica* and *Meloidogyne incognita*. **Pesquisa Agropecuária Tropical,** v.49, e54008, 2019. https://doi.org/10.1590/1983-40632019v4954008

DECRAEMER, W.; HUNT, D.J. Structure and classification. In: PERRY, R.N.; MOENS, M. **Plant Nematology,** Wallingford: CABI, pp.3-32, 2006.

FERNANDES, R.H.; LOPES, E.A.; VIEIRA, B.S.; BONTEMPO, A.F. Control of *Meloidogyne javanica* on common beans with *Bacillus* spp. isolates. **Revista Trópica: Ciências Agrárias e Biológicas,** v.7, p.76-81, 2013.

FERRAZ, L.C.C.B.; BROWN, D.J.F. **Nematologia de plantas: fundamentos e importância.** Manaus: Norma Editora, 2016, 251p.

FERREIRA, S.; GOMES, L.A.A.; MALUF, W.R.; FURTINI, I.V.; CAMPOS, V.P. Genetic control of resistance to *Meloidogyne incognita* race 1 in the Brazilian common bean (*Phaseolus vulgaris* L.) cv. Aporé. **Euphytica**, v.186, n.3, p.867-873, 2012. https://doi.org/10.1007/s10681-012-0655-7

FREIRE, F.C.O.; FERRAZ, S. Nematóides associados ao feijoeiro, na Zona da Mata, Minas Gerais, e efeitos do parasitismo de *Meloidogyne incognita* e *M. javanica* sobre o cultivar "Rico 23". **Revista Ceres**, v.24, p.141-149, 1977.

GINÉ, A.; MONFORT, P.; SORRIBAS, F.J. Creation and validation of a temperature-based phenology model for *Meloidogyne incognita* on common bean. **Plants**, v.10:240, 2021. https://doi.org/10.3390/plants10020240

JONES, J.T.; HAEGEMAN, A.; DANCHIN, E.G.J.; GAUR, H.S.; HELDER, J.; JONES, M.G.K.; KIKUCHI, T.; MANZANILLA-LÓPEZ, R.; PALOMARES-RIUS, J.R.; WESEMAEL, W.M.L.; PERRY, R.N. Top 10 plant-parasitic nematodes in molecular plant pathology. **Molecular Plant Pathology**, v.14, n.9, p.946-961, 2013. https://doi.org/10.1111/mpp.12057

NUNES, H.T.; MONTEIRO, A.C.; POMELA, A.W.V. Use of microbial and chemical agents to control *Meloidogyne incognita* in soybean. **Acta Scientiarum Agronomy**, v.32, p.403-409, 2010. https://doi.org/10.4025/actasciagron.v32i3.2166

PEDROSA, E.M.R.; MOURA, R.M.; SILVA, E.G. Respostas de genótipos de *Phaseolus vulgaris* à meloidoginoses e alguns mecanismos envolvidos na reação. **Fitopatologia Brasileira**, v.25, p.190-196, 2000.

SANTOS, L.N.S.; ALVES, F.R.; BELAN, L.L.; CABRAL, P.D.S.; MATTA, F.P.; JESUS JUNIOR, W.C.; MORAES, W.B. Damage quantification and reaction of bean genotypes (*Phaseolus vulgaris* L.) to *Meloidogyne incognita* race 3 and *M. javanica*. **Summa Phytopathologica**, v.38, n.1, p.24-29, 2012.

https://doi.org/10.1590/S0100-54052012000100004

SANTOS, L.N.S.; CABRAL, P.D.S.; NEVES, G.A.R.; ALVES, F.R.; TEIXEIRA, M.B.; CUNHA, F.N.; SILVA, N.F. Multivariate statistics applied to the reaction of common bean plants to parasitism by *Meloidogyne javanica*. **Genetics and Molecular Research**, v.16, n.1, gmr16019420, 2017. https://doi.org/10.4238/gmr16019420

SILVA, R.V.; OLIVEIRA, J.O.; ÁVILA JÚNIOR, J.H.; LIMA, B.V.; MOREIRA, N.F. Occurrence of *Meloidogyne enterolobii* in common bean in southern Goiás State, Brazil
Ciência Rural, v.51, n.10, e20200403, 2021. https://doi.org/10.1590/0103-8478cr20200403

12. *Cladosporium* em sementes - *Cladosporium herbarum*

Reino: Fungi
Filo: Ascomycota
Ordem: Capnodiales
Família: Davidiellaceae

Etiologia

O fungo *Cladosporium herbarum* possui conidióforos altos, escuros, eretos, ramificados irregularmente no ápice e sem nódulos. Os conídios são escuros, possuem cicatriz proeminente, sem septos ou com apenas um septo, formato do elipsoidal ou limoniforme. Os conídios possuem as seguintes dimensões: comprimento por largura de 7,2-10,4 x 3,6-4,2 µm e comprimento médio por largura média de 8,1 x 4,0 µm (GUIMARÃES & CARVALHO, 2014).

O fungo *Cladosporium herbarum* é importante patógeno de sementes da cultura do feijoeiro, presente em boa parte dos lotes de sementes não tratadas rotineiramente analisados. Da mesma forma que *Pseudocrecospora*, o fungo *Cladosporium* pertence à ordem Cpanodiales (Figura 23). Entretanto estes dois fungos não compartilham a mesma família em comum, visto que *Cladosporium* pertence a família *Davidillaceae* e possui como teleomorfo o gênero *Davidiella*.

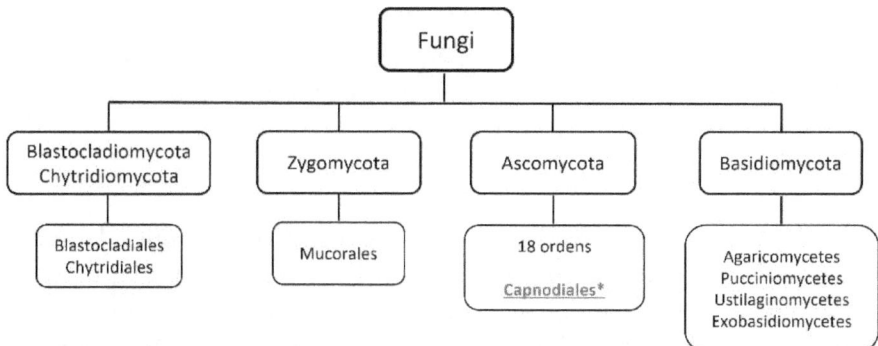

Figura 23. Posicionamento do fungo *Cladosporium herbarum* dentro da ordem Capnodiales, do reino Fungi.

Sintomatologia

Espécies do gênero *Cladosporium* ocorrem nas sementes, as quais vão apresentar manchas no tegumento ou crescimentos esverdeados na superfície, principalmente na zona correspondente ao embrião, mais precisamente o hilo da semente resultando em um aspecto indesejável e consequente depreciação dos lotes de sementes (GUIMARÃES & CARVALHO, 2014).

Epidemiologia

Condições climáticas: Quando expostas a umidade e temperaturas inadequadas durante o armazenamento, pode ocorrer o crescimento de fungos nocivos (COSTA & SCUSSEL, 2022), resultando em perda de qualidade, viabilidade e prejuízos no estabelecimento do estande inicial da cultura (CARVALHO et al., 2011). É válido mencionar também a colaboração de outros fatores para contaminação das sementes, tais como pequenas aberturas nas superfícies causadas por algumas espécies de insetos e choques mecânicos resultantes da colheita, transporte e armazenamento (GUIMARÃES et al., 2018). Todos esses fatores devem, portanto, ser observados com vistas a minimizar a ocorrência de *C. herbarum* nas sementes.

Disseminação: Em se tratando da cultura do feijoeiro, mais de 50% das enfermidades são transmitidas via sementes (MARINO & MESQUITA, 2009).

Sobrevivência: O fungo *Cladosporium* sp. sobrevive associado com sementes de feijão durante o armazenamento, especialmente sementes não tratadas (GUIMARÃES et al., 2014).

Controle

Erradicação: Para controlar este patógeno, recomenda-se o tratamento das sementes. Tanto o tratamento químico quanto o tratamento com produtos biológicos tem apresentado bons resultados. GUIMARÃES et al. (2014), avaliando isolados de *Trichoderma*, obteve até 77% de supressão de *Cladosporium herbarum* em sementes de feijão cv. Perola, além de alto número de plântulas normais originadas. No mesmo estudo, o tratamento com

Carboxin + thiram reduziu a zero incidência de *C. herbarum* nas sementes. É importante mencionar que a substituição do tratamento de sementes com produto químico pelo tratamento com produto biológico merece ser considerada devido aos benefícios ao meio ambiente que esta prática pode oferecer (CARVALHO et al., 2011). A redução da incidência de patógenos nas sementes, mediante o emprego de *Trichodema*, ocorre porque o fungo antagonista compete com os fungos fitopatogênicos pelos exsudatos liberados pelas sementes durante o processo de germinação (HARMAN et al., 2004). Além disso, o fungo *Trichoderma* possui a habilidade em ocupar agressivamente os sítios de estabelecimento do patógeno nas sementes e plântulas originadas (GUIMARÃES et al., 2018).

Referências

CARVALHO, D.D.C.; MELLO, S.C.M.; LOBO JÚNIOR, M.; GERALDINE, A.M. Biocontrol of seed pathogens and growth promotion of common bean seedlings by *Trichoderma harzianum*. **Pesquisa Agropecuária Brasileira,** v.46, n.8, p.822-828, 2011. https://doi.org/10.1590/S0100-204X2011000800006

COSTA, L.L.F.; SCUSSEL, V.M. Toxigenic fungi in beans (*Phaseolus vulgaris* L.) classes black and color cultivated in the state of Santa Catarina, Brazil. **Brazilian Journal of Microbiology**, v.33, p.138-144, 2022. https://doi.org/10.1590/S1517-83822002000200008

GUIMARÃES, G.R.; CARVALHO, D.D.C. Incidência e caracterização morfológica de *Cladosporium herbarum* em feijão comum cv. 'Pérola'. **Revista Brasileira de Biociências,** v.12, n.3, p.137-140, 2014.

GUIMARÃES, G.R.; PEREIRA, F.S.; MATOS, F.S.; MELLO, S.C.M.; CARVALHO, D.D.C. Supression of seed borne *Cladosporium herbarum* on common bean seed by *Trichoderma harzianum* and promotion of seedling development. **Tropical Plant Pathology,** v.39, n.5, p.401-406, 2014. https://doi.org/10.1590/S1982-56762014000500007

GUIMARÃES, G.R.; PEREIRA, F.T.; MELLO, S.C.M. CARVALHO, D.D.C. *Trichoderma harzianum* no tratamento de sementes de *Cladosporium herbarum*, *Sclerotinia sclerotiorum* e no aumento de crescimento do feijoeiro no Brasil. **Caderno de Pesquisa**, v.30, n.02, p.28-37, 2018. https://doi.org/10.17058/cp.v30i2.6884

HARMAN, G.E.; HOWELL, C.R.; VITERBO, A.; CHET, I.; LORITO, M. *Trichoderma* species - opportunistic, avirulent plant symbionts. **Nature Reviews Microbiology,** v.2, p.43-56, 2004. https://doi.org/10.1038/nrmicro797

MARINO, R.H.; MESQUITA, J.B. Micoflora de sementes de feijão comum (*Phaseolus vulgaris* L.). provenientes do Estado de Sergipe. **Revista Brasileira de Ciências Agrárias,** v.4, p.252-256, 2009.

www.ingramcontent.com/pod-product-compliance
Lightning Source LLC
Chambersburg PA
CBHW051537240526
45465CB00027B/594